建筑结构施工图识读
（第2版）

主　编　陆惠民　刘　凤

副主编　嵇德兰

参　编　张　文　王金元　刘学勤

　　　　杨晓亮　张丽云

北京理工大学出版社
BEIJING INSTITUTE OF TECHNOLOGY PRESS

内 容 简 介

　　本书是根据最新国家标准规范编写而成,以建筑结构构件和结构的施工图纸识读为主,共分六个项目,每个项目下设有相应的任务,学生通过完成任务,领会11G101系列图集制图规则,并熟悉相关要求规定,学会识读图纸。本书主要内容包括:建筑结构体系及识图基础、砌体结构施工图识读、浅基础施工图识读、钢筋混凝土结构基础知识、框架结构施工图识读和钢结构施工图识读。

　　本书可作为院校建筑工程施工、工程造价等相关专业教材,也可作为相关从业人员提高读图能力的培训教材。

图书在版编目(CIP)数据

　　建筑结构施工图识读 / 陆惠民,刘凤主编. —2版. —北京:北京理工大学出版社,2019.10(2021.6重印)

　　ISBN 978-7-5682-7786-0

　　Ⅰ.①建…　Ⅱ.①陆…②刘…　Ⅲ.①建筑制图–识图–高等学校–教材　Ⅳ.①TU204.21

　　中国版本图书馆CIP数据核字(2019)第240839号

出版发行 / 北京理工大学出版社有限责任公司

社　　址 / 北京市海淀区中关村南大街5号

邮　　编 / 100081

电　　话 / (010)68914775(总编室)

　　　　　　(010)82562903(教材售后服务热线)

　　　　　　(010)68948351(其他图书服务热线)

网　　址 / http://www.bitpress.com.cn

经　　销 / 全国各地新华书店

印　　刷 / 定州市新华印刷有限公司

开　　本 / 787毫米×1092毫米　1/16

拉　　页 / 8

印　　张 / 11.25　　　　　　　　　　　　　　　责任编辑 / 张荣君

字　　数 / 250千字　　　　　　　　　　　　　　文案编辑 / 张荣君

版　　次 / 2019年10月第2版　2021年6月第2次印刷　责任校对 / 周瑞红

定　　价 / 26.00元　　　　　　　　　　　　　　责任印制 / 边心超

前言

FOREWORD

建筑产业是我国的支柱产业。快速、准确地识读结构施工图是施工员、监理员等从业人员的一项重要的基本技能。为了使即将走向工作岗位的职业院校学生，尽快适应本专业、熟悉建筑施工和监理工作，我们编写了本书和配套的综合实训教材。本教材属于中职建筑工程施工专业的专业核心课，着重培养训练学生识读结构施工图的能力，为后续的《基础工程施工》《主体结构工程施工》《建筑工程计量与计价》等专业核心课，以及《钢筋翻样与加工》《建设工程质量检测》《建筑工程监理》等专业方向课程的学习奠定基础。

本教材按照建筑工程施工专业人才培养目标的要求，结合建筑工程施工专业"能力渐进培养"人才培养模式改革需要，依据现行国家标准《混凝土结构设计规范》（GB 50010—2010）、《建筑抗震设计规范》（GB 50011—2010）、《混凝土结构施工图平面整体表示方法制图规则和构造详图》（16G101-1、2、3）等规范编写。本教材编写力求符合简明适用、图文结合、通俗易懂的原则。采用项目引领、任务驱动的教学方式，将工程实践与理论基础紧密结合，以新规范为指导，二维图和三维图相结合，通过大量的图文以循序渐进的方式介绍了结构施工图识读的基础知识及识图的思路、方法、流程和技巧。施工图识读部分结合砌体结构施工图1套、框架结构施工图1套、钢结构施工图1套实例，讲解材料、类型及构造要求，旨在提高学生识图能力，识读过程中学会查找标准图集、网络资料等。

由于编写水平有限，加之时间仓促，书中尚有不足之处，恳请读者批评指正。

编 者

目录

CONTENTS

建筑结构体系及识图基础

项目概述

通过本项目的学习，能对建筑结构的基本组成进行分析，掌握建筑结构施工图的基本组成，能熟练掌握结构施工图识读的基本方法和要点。

学习目标

1. 能够分析房屋结构形式。
2. 掌握结构施工图的组成。
3. 掌握结构施工图识读的基本方法。
4. 了解建筑结构概率极限状态设计理论。
5. 熟悉地震和抗震相关术语。

任务1　认识建筑结构

导　　读

建筑工程的结构施工图是根据建筑功能要求进行结构设计后画出的图样。因此，正确地识读建筑结构施工图，应从认识组成结构的基本构件开始。

任务引入

请观察你所见到的建筑主要由哪些结构构件组成？可以分为哪些结构类型？

相关知识

一、建筑结构的组成

（1）水平构件。水平构件包括板、梁、桁架、网架等，其主要作用是承受竖向荷载。

（2）竖向构件。竖向构件包括柱、墙、框架等，主要用以支承水平构件或承受水平荷载。

（3）基础。基础是上部建筑物与地基相联系的部分，主要用以将建筑物承受的荷载传至地基。

二、建筑结构的类型

建筑结构有多种分类方法，一般可按照结构所用材料、承重结构类型、使用功能、外形特点、施工方法等进行分类。

（1）按所用材料分类。

1）混凝土结构。混凝土结构（图 1.1）包括素混凝土结构、钢筋混凝土结构和预应力混凝土结构。其中，钢筋混凝土结构应用最为广泛。其主要优点是强度高、整体性好、耐久性与耐火性好、易于就地取材、具有良好的可塑性等；其主要缺点是自重大、抗裂性差、施工环节多、工期长等。

▲图 1.1　混凝土结构

2）砌体结构。砌体结构（图 1.2）是由块材和砂浆等胶结材料砌筑而成的结构，包括砖砌体结构、石砌体结构和砌块砌体结构，广泛应用于多层民用建筑。其主要优点是易于就地取材、耐久性与耐火性好、施工简单、造价低；其主要缺点是强度（尤其是抗拉强度）低、整体性差、结构自重大、工人劳动强度高等。

3）钢结构。钢结构（图 1.3）是由钢板、型钢等钢材通过有效的连接方式所形成的结构，广泛应用于工业建筑及高层建筑结构中。随着我国经济的迅速发展，钢产量的大幅度增

▲图1.2　砌体结构

加，钢结构的应用领域有了较大的发展。可以预计，钢结构在我国将得到越来越广泛的应用。

▲图1.3　钢结构

钢结构与其他结构形式相比，其主要优点是强度高、结构自重轻、材质均匀，可靠性好、施工简单、工期短，具有良好的抗震性能；其主要缺点是易腐蚀、耐火性差、工程造价和维护费用较高。

4）木结构。木结构（图1.4）是指全部或大部分用木材料构成的结构。由于木材生长受自然条件的限制，砍伐木材对环境的不利影响，以及易燃、易腐蚀、结构变形大等因素，目前已较少采用，本书对木结构不再叙述。

▲图1.4　木结构

(2)按承重结构类型分类。

1)混合结构。混合结构(图1.5)是指由砌体和钢筋混凝土材料制成的构件所组成的结构。通常,房屋的楼(屋)盖由钢筋混凝土的梁、板组成的,竖向承重构件采用砌体材料,主要用于层数不多的住宅、宿舍、办公楼、旅馆等民用建筑。

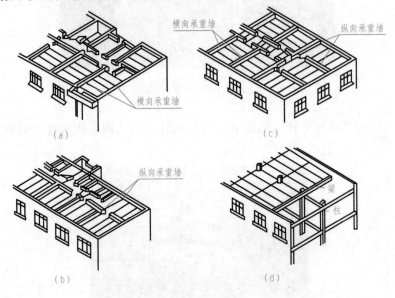

▲图1.5 混合结构

2)框架结构。框架结构(图1.6)是指由梁和柱为主要构件组成的承受竖向和水平作用的结构。目前,我国框架结构多采用钢筋混凝土建造。框架结构具有建筑平面布置灵活,与砖混结构相比具有较高的承载力、较好的延性和整体性、抗震性能较好等优点,因此,在工业与民用建筑中获得了广泛的应用。但框架结构仍属于柔性结构,侧向刚度较小,其合理建造高度一般为30 m左右。

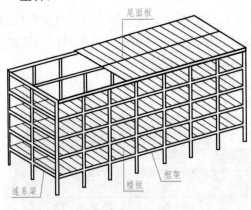

▲图1.6 框架结构

3)框架-剪力墙结构。框架-剪力墙结构(图1.7)是指在框架结构内纵横方向适当位置的柱与柱之间,布置厚度不小于160 mm的钢筋混凝土墙体,由框架和剪力墙共同承受竖向和水平作用的结构。这种结构体系结合了框架结构和剪力墙结构各自的优点,目前广泛使用于 20 层左右的高层建筑中。

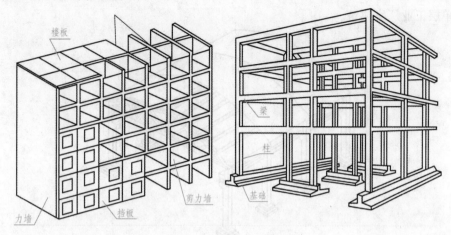

▲图 1.7　框架-剪力墙结构

4)剪力墙结构。剪力墙结构(图 1.8)是指房屋的内、外墙都做成实体的钢筋混凝土墙体,利用墙体承受竖向和水平作用的结构。这种结构体系的墙体较多,侧向刚度大,可建造比较高的建筑物,目前广泛使用于住宅、旅馆等小开间的高层建筑中。

5)筒体结构。筒体结构(图 1.9)是指由单个或多个筒体组成的空间结构体系,其受力特点与一个固定于基础上的筒形悬臂构件相似。一般可将剪力墙或密柱深梁式的框架集中到房屋的内部或外围形成空间封闭的筒体,使整个结构具有相当大的抗侧刚度和承载能力。根据

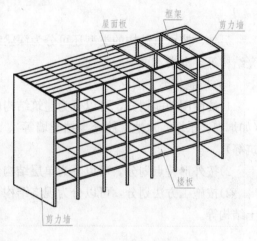

▲图 1.8　剪力墙结构

筒体不同的组成方式,筒体结构可分为框架-筒体、筒中筒、组合筒三种结构形式。

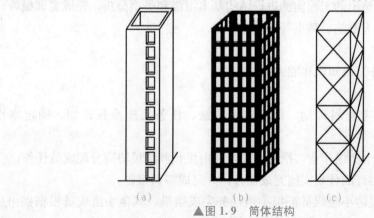

▲图 1.9　筒体结构

(a)框架-筒体;(b)筒中筒;(c)组合筒

6)排架结构。排架结构(图1.10)是指由屋架(或屋面梁)、柱子和基础组成的,且柱与屋架交接,与基础刚接的结构。多采用装配式体系,可以用钢筋混凝土或钢结构建造,广泛用于单层工业厂房建筑。

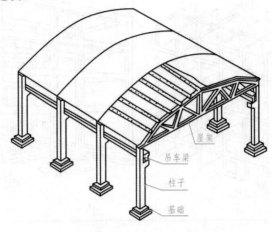

▲图1.10 排架结构

另外,按承重结构的类型还可分为深梁结构、拱结构、网架结构、钢索结构、空间薄壳结构等,本书不再一一叙述。

(3)其他分类方法。

1)按使用功能划分,可以分为建筑结构(如住宅、公共建筑、工业建筑等)、特种结构(如烟囱、水塔、水池、筒仓、挡土墙等)、地下结构(如隧道、涵洞、人防工事、地下建筑等)。

2)按外形特点划分,可以分为单层结构、多层结构、大跨度结构、高耸结构等。

3)按施工方法划分,可以分为现浇结构、装配式结构、装配整体式结构、预应力混凝土结构等。

任务实施

1. 任务布置:根据给出的工程实例进行结构基本组成和类型分析,完成实训报告。

2. 资料准备:国家大剧院、鸟巢等建筑物。

3. 任务实施步骤。

(1)资讯。根据任务完成知识和能力储备。

(2)计划与决策。

小组讨论列出:参考资料计划、任务实施方法、任务实施步骤计划、确定本小组计划。

工作要求:分成几个小组作业,指明组长,并由组长和组员协商分配成员任务。

(3)实施。按小组制订的计划实施完成任务,并完成实训报告。

(4)检查与评价。提请小组成员汇报小组任务完成结果;其他小组成员根据别组成员汇报情况修正自己的结论、提出质疑,教师评价总结。

⚒ 任务考核

▼ __××建筑物分析__ 实训报告

实训人员：_____ 实训日期：_____ 指导老师：_____

小组编号：_____ 小组成员：_____

实训项目名称：
实训目的：
实训前资讯收集： 完成任务前应具有哪些专业知识与能力？
组内分工情况及任务实施计划： 实施过程中碰到的问题是如何解决的？
实训体会：

⚒ 复习思考

1. 什么是建筑结构？其由哪几部分组成？
2. 按照建筑材料不同，建筑结构可以分为哪几类？

任务2　结构施工图制图规则

导　读

房屋的结构施工图是根据房屋建筑中的承重构件进行结构设计后画出的图样。结构设计时要根据建筑要求选择结构类型，并进行合理布置，再通过力学计算确定构件的断面形状、大小、材料及构造等。结构施工图必须与建筑施工图密切配合，它们之间不能产生矛盾。结构施工图与建筑施工图一样，也是施工的依据，主要用于放灰线、挖基槽、基础施工、支承模板、配钢筋、浇灌混凝土等施工过程，也是计算工程量、编制预算和施工进度计划的依据。

任务引入

抄绘结构施工图图纸。

相关知识

一、结构施工图的定义

结构施工图表明结构设计内容和各工程(建筑工程、装饰工程、安装工程等)对结构工程的要求。其主要反映承重构件的布置情况、构件类型、材料质量、尺寸大小及制作安装等。

二、结构施工图的内容

(1)结构设计说明。结构设计说明是带全局性的文字说明，根据工程的复杂程度，结构设计说明的内容有多有少，但一般均包括以下五个方面的内容。

1)主要设计依据：阐明上级机关(政府)的批文，国家有关的标准、规范等。

2)自然条件：自然条件包括地质勘探资料，地震设防裂度，风、雪荷载等。

3)施工要求和施工注意事项。

4)对材料的质量要求。

5)合理使用年限。

(2)结构平法施工图。结构布置平面图与建筑平面图相同，属于全局性的图纸，主要内容包括以下几项。

　　1)基础平法施工图。

　　2)柱平法施工图。

　　3)梁平法施工图。

　　4)板平法施工图。

　　5)楼梯平法施工图。

　　(3)结构详图。结构详图属于局部性的图纸，表示构件的形状、大小、所用材料的强度等级和制作安装等。其主要内容包括以下几项。

　　1)梁、板、柱等结构详图。

　　2)楼梯结构详图。

　　3)其他结构详图。

◉三、建筑结构制图规则

　　绘制结构施工图，应符合《房屋建筑制图统一标准》(GB/T 50001—2010)和《建筑结构制图标准》(GB/T 50105—2010)的规定。

　　(1)图线。在结构施工图中，为了表达不同的意思，并使图形的主次分明，必须采用不同的线型和不同宽度的图线来表达。建筑结构专业制图图线应符合表 1.1 的规定。

▼表 1.1　图线

名称	线型		线宽	一般用途
实线	粗		b	螺栓、主钢筋线、结构平面图中单线结构构件线、钢木支撑及系杆线，图名下横线，剖切线
	中		$0.5b$	结构平面图及详图中剖到或可见的墙身轮廓线、基础轮廓线、钢、木结构轮廓线、箍筋线、板钢筋线
	细		$0.25b$	可见的钢筋混凝土构件的轮廓线、尺寸线、标注引出线，标高符号，索引符号
虚线	粗		b	不可见的钢筋、螺栓线，结构平面图中的不可见的单线结构构件线及钢、木支撑线
	中		$0.5b$	结构平面图中的不可见构件、墙身轮廓线及钢、木结构轮廓线
	细		$0.25b$	基础平面图中的管沟轮廓线、不可见的钢筋混凝土构件轮廓线
单点画线	粗		b	柱间支撑、垂直支撑、设备基础轴线图中的中心线
	细		$0.25b$	定位轴线、对称线、中心线

续表

名称	线型		线宽	一般用途
双点画线	粗	—··—··—	b	预应力钢筋线
	细	—··—··—	$0.25b$	原有结构轮廓线
折断线		——／\———	$0.25b$	断开界线
波浪线		～～～～	$0.25b$	断开界线

（2）比例。结构图的常用比例见表1.2，特殊情况下可选用可用比例。当构件的纵、横截面尺寸相差悬殊时，可在同一详图中的纵、横向选用不同的比例绘制。轴线尺寸与构件也可选用不同的比例。

▼表1.2　比例

图　　名	常用比例	可用比例
结构平面图	1∶50、1∶100	1∶60
基础平面图	1∶150、1∶200	1∶60
圈梁平面图、总图中管沟、地下设施等	1∶200、1∶500	1∶300
详图	1∶10、1∶20	1∶5、1∶25、1∶4

（3）常用构件代号。结构施工图中，基本构件如板、梁、柱等，种类繁多，布置复杂，为了图样表达简明扼要，便于清楚区分构件，便于施工、制表、查阅，有必要赋予各类构件以代号。《建筑结构制图标准》（GB/T 50105—2010）中给出的常用构件代号，是以构件名称的汉语拼音的第一个字母来表示的，见表1.3。

▼表1.3　常用构件代号

序号	名称	代号	序号	名称	代号	序号	名称	代号
1	板	B	8	盖板或沟盖板	GB	15	吊车梁	DL
2	屋面板	WB	9	挡雨板、檐口板	YB	16	单轨吊车梁	DDL
3	空心板	KB	10	吊车安全走道板	DB	17	轨道连接	DGL
4	槽型板	CB	11	墙板	QB	18	车档	CD
5	折板	ZB	12	天沟板	TGB	19	圈梁	QL
6	密肋板	MB	13	梁	L	20	过梁	GL
7	密肋板	TB	14	屋面梁	WL	21	连系梁	LL

续表

序号	名称	代号	序号	名称	代号	序号	名称	代号
22	基础梁	JL	33	支架	ZJ	44	水平支撑	SC
23	楼梯梁	TL	34	柱	Z	45	梯	T
24	框架梁	KL	35	框架柱	KZ	46	雨篷	YP
25	框支梁	KZL	36	构造柱	GZ	47	阳台	YT
26	屋面框架梁	WKL	37	承台	CT	48	梁垫	LD
27	檩条	LT	38	设备基础	SJ	49	预埋件	M—
28	屋架	WJ	39	桩	ZH	50	天窗端壁	TD
29	托架	TJ	40	挡土墙	DQ	51	钢筋网	W
30	天窗架	CJ	41	地沟	DG	52	钢筋骨架	G
31	框架	KJ	42	柱间支撑	ZC	53	基础	J
32	刚架	GJ	43	垂直支撑	CC	54	暗柱	AZ

四、结构施工图的识读方法与步骤

(1)结构施工图的识读方法。

1)从上往下、从左往右的看图顺序是施工图识读的一般顺序,比较符合看图的习惯,同时,也是施工图绘制的先后顺序。

2)由前往后看,根据房屋的施工先后顺序,从基础、墙柱、楼面到屋面依次看,此顺序基本也是结构施工图编排的先后顺序。

3)看图时要注意从粗到细,从大到小。先粗看一遍,了解工程的概况、结构方案等。然后看总说明及每一张图纸,熟悉结构平面布置,检查构件布置是否合理正确,有无遗漏,柱网尺寸、构件定位尺寸、楼面标高等是否正确。最后根据结构平面布置图,详细看每一个构件的编号、跨数、截面尺寸、配筋、标高及其节点详图。

4)图纸中的文字说明是施工图的重要组成部分,应认真仔细逐条阅读,并与图样对照看,便于完整理解图纸。

5)结施应与建施结合起来看。一般先看建施图,通过阅读设计说明、总平面图、建筑平立剖面图,了解建筑体型、使用功能,内部房间的布置、层数与层高、柱墙布置、门窗尺寸、楼梯位置、内外装修、材料构造及施工要求等基本情况,然后再看结施图。在阅读结施图时应同时对照相应的建施图,只有把两者结合起来看,才能全面理解结施图,并发现存在的矛盾和问题。

(2)结构施工图的识读步骤。

1)先看目录,通过阅读图纸目录,了解是什么类型的建筑,是哪个设计单位,图纸共有多少张，主要有哪些图纸，并检查全套各工种图纸是否齐全，图名与图纸编号是否相符等。

2）初步阅读各工种设计说明，了解工程概况，将所采用的标准图集编号摘抄下来，并准备好标准图集，供看图时使用。

3）阅读建施图。读图顺序依次为：设计总说明、总平面图、建筑平面图、立面图、剖面图、构造详图。初步阅读建施图后，应能在头脑中形成整栋房屋的立体形象，能想象出建筑物的大致轮廓，为下一步结施图的阅读做好准备。

4）阅读结施图。结施图的阅读顺序可按下列步骤进行：

①阅读结构设计说明。准备好结施图所套用的标准图集及地质勘察资料备用。

②阅读基础平面图、详图与地质勘察资料。基础平面图应与建筑底层平面图结合起来看。

③阅读柱平面布置图。根据对应的建筑平面图校对柱的布置是否合理，柱网尺寸、柱断面尺寸与轴线的尺寸关系有无错误。

④阅读楼层及屋面结构平面布置图。对照建施平面图中的房间分隔、墙体的布置，检查各构件的平面定位尺寸是否正确，布置是否合理，有无遗漏，楼板的形式、布置、板面标高是否正确等。

⑤按前述的施工图识读方法，详细阅读各平面图中的每一个构件的编号、断面尺寸、标高、配筋及其构造详图，并与建施图结合，检查有无错误与矛盾。看图中发现的问题要一一记下，最后按结施图的先后顺序将存在的问题全部整理出来，以便在图纸会审时加以解决。

⑥在前述阅读结施图中，涉及采用标准图集时，应详细阅读规定的标准图集。

任务实施

1. **任务布置**：根据给出的结构施工图图纸进行抄绘，完成实训报告。

2. **资料准备**：一份结构施工图图纸。

3. **任务实施步骤**。

（1）资讯。根据任务完成知识和能力储备。

（2）计划与决策。

小组讨论列出：参考资料计划、任务实施方法、任务实施步骤计划、确定本小组计划。

工作要求：分成几个小组作业，指明组长，并由组长和组员协商分配成员任务。

（3）实施。按小组制订的计划实施完成任务，并完成实训报告。

（4）检查与评价。提请小组成员汇报小组任务完成结果；小组互换检查图纸，提出质疑，分别修改图纸。

🔧 任务考核

▼ <u>抄绘结构施工图</u> 实训报告

实训人员：_____   实训日期：_____   指导老师：_____

小组编号：_____   小组成员：_____

实训项目名称：
实训目的：
实训前资讯收集：   完成任务前应具有哪些专业知识与能力？
组内分工情况及任务实施计划：   实施过程中碰到的问题是如何解决的？   实训体会：

🔧 复习思考

1. 简述结构施工图的识读步骤。
2. 请结合当地实际工程结构施工图图纸，识读结构施工图的基本构件。

任务3 结构基本设计与抗震

导 读

在阅读工程结构施工图时，可以在设计说明中查找到结构设计的标准规范、制图标准和工程概况等。建筑结构设计运用概率极限状态设计法，而其计算与构造要求又与地方抗震烈度和结构抗震等级有关。

任务引入

确定不同地区建筑物的结构抗震等级。

相关知识

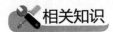

一、建筑结构计算基本原则

1. 荷载分类及荷载代表值

(1)定义及分类。结构上的荷载是指施加在结构上的集中力或分布力系，应根据现行国家标准《建筑结构荷载规范》(GB 50009—2012)及其他相关标准确定。

结构上的荷载，通常按随时间的变异分类，可分为以下几种类型。

1)永久荷载。永久荷载是指在结构使用期间，数值不随时间变化或变化值相对于平均值可以忽略不计的荷载。结构的自重、土压力等均为永久荷载。永久荷载也称恒载。

2)可变荷载。可变荷载是指在结构使用期间，数值随时间变化，且变化值相对于平均值不可忽略的荷载。楼面活荷载、风荷载、雪荷载、吊车荷载等均为可变荷载。可变荷载也称活荷载或活载。

3)偶然荷载。偶然荷载是指在结构使用期间出现的概率较小，但其一旦出现，其量值很大、持续时间很短的荷载，如地震作用、爆炸作用等。

(2)荷载的代表值。在结构设计时，应根据不同的设计要求采用不同的荷载数值，该值称为代表值，如标准值、准永久值、组合值、频遇值。

1)荷载的标准值。荷载的标准值是指荷载正常情况下可能出现的最大值。各种荷载标准值是建筑结构设计时采用的基本代表值。

2)荷载的准永久值。在进行结构构件变形和裂缝验算时，要考虑荷载长期作用对构件刚度和裂缝的影响。永久荷载长期作用在结构上，故取荷载标准值。可变荷载不像永久荷载那样，在设计基准期内全部作用在结构上，因此，在考虑荷载长期作用时，可变荷载不能取其标准值，而只能取在设计基准期内经常作用在结构上的那部分荷载。它对结构的影响类似于永久荷载，这部分荷载就称为荷载的准永久值。

3)组合值。当考虑两种或两种以上可变荷载在结构上同时作用时，由于所有荷载同时达到其单独出现时的最大值的可能性极小，因此，除主导荷载（产生荷载效应最大的荷载）仍以其标准值作为代表值外，对其他伴随的可变荷载应取小于其标准值的组合值为其代表值。

4)可变荷载频遇值。可变荷载的频遇值是针对结构上偶然出现的较大荷载，这类荷载相对于设计基准期(50年)，具有持续时间较短或发生次数较少的特性，从而对结构的破坏性有所减弱。可变荷载的频遇值采用频遇值系数 φ_f 乘以可变荷载的标准值。

2. 建筑结构概率极限状态设计法

(1)结构功能极限状态。

1)结构设计基本要求。建筑结构在规定的设计使用年限内应满足安全性、适用性和耐久性三项功能要求。

①安全性。安全性是指结构在正常施工和正常使用的条件下，能承受可能出现的各种作用；在设计规定的偶然事件（如强烈地震、爆炸、车辆撞击等）发生时和发生后，仍能保持必需的整体稳定性，即结构仅产生局部的损坏而不致发生连续倒塌。

②适用性。适用性是指结构在正常使用时具有良好的工作性能。例如，不会出现影响正常使用的过大变形或振动；不会产生使使用者感到不安的裂缝宽度等。

③耐久性。耐久性是指结构在正常维护条件下具有足够的耐久性能，即在正常维护条件下结构能够正常使用到规定的设计使用年限。例如，结构材料不致出现影响功能的损坏，钢筋混凝土构件的钢筋不致因保护层过薄或裂缝过宽而锈蚀等。

结构的安全性、适用性和耐久性是结构可靠的标志，总称为结构的可靠性。结构可靠性是指结构在规定时间内，在规定条件下，完成预定功能的能力。

可靠度是指结构在规定时间内，在规定条件下，完成预定功能的概率。在这里，规定时间指设计使用年限；规定条件指正常设计、正常施工、正常使用和正常维护，不包括错误设计、错误施工和违反原来规定的使用情况；预定功能指结构的安全性、适用性和耐久性。结构的可靠度是结构可靠性的概率度量，即对结构可靠性的定量描述。

2)结构功能极限状态。极限状态是指整个结构或结构的一部分超过某一特定状态就不能满足继续工作的状态。它实质上是结构可靠(有效)或不可靠(失效)的界线。结构功能极限状态可分为以下两类。

①承载能力极限状态。这种极限状态对应于结构或结构构件达到最大承载能力、出现疲劳破坏、发生不适于继续承载的变形或因结构局部破坏而引发的连续倒塌。承载能力极限状态主要考虑关于结构安全性的功能。其特征如下：

a. 结构构件或连接因材料强度不够而破坏；

b. 整个结构或结构的一部分作为刚体失去平衡（如倾覆等）；

c. 结构转变为机动体系；

d. 结构或结构构件丧失稳定（如柱子被压曲等）。

②正常使用极限状态。结构或结构构件达到正常使用的某项规定限值或耐久性能的某种规定状态。其特征如下：

a. 影响正常使用（包括影响美观）的变形；

b. 影响正常使用或耐久性能的局部损坏；

c. 影响正常使用的振动；

d. 影响正常使用的其他特定状态。

这两种极限状态一旦出现其后果是不同的。承载能力极限状态的出现概率很低，是因为它可能导致人身伤亡和财产损失；而正常使用极限状态生命的危害较小，故出现概率可高些。具体地说，即在计算时，前者用设计值；后者用标准值。

3. 结构概率极限状态设计法

结构的极限状态可分为承载能力极限状态和正常使用极限状态。在进行结构设计时，应针对不同的极限状态，根据结构的特点和使用要求给出具体的极限状态限值，以作为结构设计的依据。这种以结构各种功能要求的极限状态限值作为结构设计依据的设计方法，就称为"极限状态设计法"。

荷载产生的荷载效应为 S，结构抵抗或承受荷载效应的能力称为结构抗力，记作 R，则：

(1) $S < R$，表示结构满足功能要求，处于可靠状态。

(2) $S > R$，表示结构不满足功能要求，处于失效状态。

(3) $S = R$，表示结构处于极限状态。

应当指出，由于决定荷载效应 S 的荷载，以及决定结构抗力 R 的材料强度和构件尺寸都不是定值，而是随机变量，故 S 和 R 亦为随机变量。因此，在结构设计中，保证结构绝对安全、可靠，即 $S < R$ 是办不到的，而只能做到大多数情况下使结构处于 $S < R$ 的可靠状态。从概率的观点来分析，只要结构处于 $S > R$，失效状态的失效概率足够小，就可以认为结构是可靠的。

概率极限状态设计法，是通过控制结构达到极限状态的概率，即控制失效概率的设计方法。

二、建筑结构抗震基本知识

1. 地震基本知识

地震俗称地动，是一种具有突发性的自然现象。在建筑抗震设计中，所指的地震是由于地壳构造运动（岩层构造状态的变动）使岩层发生断裂、错动而引起的地面振动，这种地面振动称为构造地震，简称地震，如图 1.11 所示。

地壳深处发生岩层断裂、错动的地方称为震源；震源正上方的地面称为震中。震中附近地面运动最激烈，也是破坏最严重的地区，称为震中区或极震区；震源至地面的垂直距离称为震源深度。一般把震源深度小于 60 km 的地震称为浅源地震；60～300 km 称为中源地震；大于 300 km 称为深源地震。我国发生的绝大部分地震均属于浅源地震。

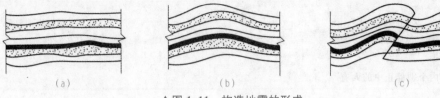

▲图 1.11 构造地震的形成

(a)岩层原始状态；(b)受力后发生褶皱变形；(c)岩层断裂产生振动

常用地震术语示意图如图 1.12 所示。

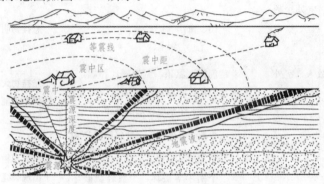

▲图 1.12 常用地震术语示意图

地震波：地震引起的振动以波的形式从震源向四周传播，这种波就称为地震波。地震波按其在地壳传播的位置不同，分为体波和面波。体波是在地球内部由震源向四周传播的波，分为纵波和横波。纵波是由震源向四周传播的压缩波，引起地面垂直振动，周期短、振幅小、波速快。横波传播的是由震源向四周传播的剪切波，引起地面水平振动，周期长、振幅大、波速慢。面波的质点振动方向比较复杂，既引起地面水平振动又引起地面垂直振动。当地震发生时，纵波首先到达，使房屋产生上下颠簸，接着横波到达，使范围产生水平摇晃，一般是当面波和横波都到达时，房屋振动最为激烈。

震级：地震的震级是衡量一次地震大小的等级，用符号 M 表示。地震的震级 M，一般称为里氏震级。1935 年由里希特首先提出了震级的定义。

当震级相差一级，地面振动振幅增加约 10 倍，而能量增加近 32 倍。

一般来说，$M<2$ 的地震，人们感觉不到，称为微震；M 为 2～4 的地震称为有感地震；$M>5$ 的地震，对建筑物就要引起不同程度的破坏，统称为破坏性地震；$M>7$ 的地震称为强烈地震或大地震，如 1976 年 7 月 28 日的唐山大地震；$M>8$ 的地震称为特大地震，如 2008 年 5 月 12 日的汶川地震、2011 年 3 月 11 日的日本地震。

2. 地震烈度和烈度表

地震烈度是指某一地区的地面及建筑物遭受到一次地震影响的强弱程度。用 I 表示。相对震源而言，地震烈度也可以把它理解为地震场的强度。

我国曾经编制过三张地震烈度表，目前我国使用的是《中国地震烈度表》（GB/T 17742—2008），详见表 1.4。

▼表1.4 中国地震烈度表

地震烈度	人的感觉	房屋震害		其他震害现象
		类型	震害程度	
Ⅰ	无感		—	—
Ⅱ	室内个别静止中的人有感觉		—	—
Ⅲ	室内少数静止中的人有感觉		门、窗轻微作响	悬挂物微动
Ⅳ	室内多数人、室外少数人有感觉，少数人梦中惊醒		门、窗作响	悬挂物明显摆动，器皿作响
Ⅴ	室内绝大多数人、室外多数人有感觉，多数人梦中惊醒		门窗、屋顶、屋架颤动作响，灰土掉落，个别房屋墙体抹灰出现细微裂缝，个别屋顶烟囱掉砖	悬挂物大幅度晃动，不稳定器物摇动或翻到
Ⅵ	多数人站立不稳，少数人惊逃户外	A	少数中等破坏，多数轻微破坏和/或基本完好	家具和物品移动；河岸和松软土出现裂缝，饱和砂层出现喷砂冒水；个别独立砖烟囱轻度裂缝
		B	个别中等破坏，少数轻微破坏，多数基本完好	
		C	个别轻微破坏，大多数基本完好	
Ⅶ	大多数人惊逃户外，骑自行车的人有感觉，行驶中的汽车驾乘人员有感觉	A	少数毁坏和/或严重破坏，多数中等和/或轻微破坏	物体从架子上掉落；河岸出现塌方，饱和砂层常见喷水冒砂，松软土地上地裂缝较多；大多数独立砖烟囱中等破坏
		B	少数中等破坏，多数轻微破坏和/或基本完好	
		C	少数中等和/或轻微破坏，多数基本完好	
Ⅷ	多数人摇晃颠簸，行走困难	A	少数毁坏，多数严重和/中等破坏	干硬土上出现裂缝，饱和砂层绝大多数喷砂冒水；大多数独立砖烟囱严重破坏
		B	个别毁坏，少数严重破坏，多数中等和/或轻微破坏	
		C	少数严重和/或中等破坏，多数轻微破坏	
Ⅸ	行动的人摔倒	A	多数严重破坏或和毁坏	干硬土上多处出现裂缝，可见基岩裂缝、错动，滑坡、塌方常见，独立砖烟囱多数倒塌
		B	少数毁坏，多数严重和/或中等破坏	
		C	少数毁坏和/或严重破坏，多数中等和/或轻微破坏	
Ⅹ	骑自行车的人会摔倒，处不稳定状态的人会摔离原地，有抛起感	A	绝大多数毁坏	山崩和地震断裂出现，基岩上拱桥破坏；大多数独立砖烟囱从根部破坏或倒毁
		B	大多数毁坏	
		C	多数毁坏和/或严重破坏	

地震烈度	人的感觉	房屋震害		其他震害现象
		类型	震害程度	
XI	—	—	绝大多数毁坏	地震断裂延续很大，大量山体滑坡
XII	—	—	几乎全部毁坏	地面剧烈变化，山河改观

地震的震级与地震烈度是两个不同的概念，对于一次地震，只能有一个震级，而有多个烈度。一般来说，离震中越远，地震烈度越小，震中区的地震烈度最大。

同一地震中，具有相同地震烈度地点连线称为等震线。

三、抗震设计的一般规定

1. 抗震设防烈度、设计地震分组

(1)抗震设防烈度。抗震设防烈度是指按国家规定的权限批准作为一个地区抗震设防依据的地震烈度。

一般情况下，抗震设防烈度可采用地震基本烈度值，一个地区的基本烈度是指该地区今后一定时间内(一般指 50 年)，在一般场地条件下可能遭遇的超越概率为 10% 的地震烈度值。现行国家标准《建筑抗震设计规范》(GB 50011—2010)附录 A 给出了全国县级及以上城镇的中心地区(如城关地区)的抗震设防烈度、设计基本地震加速度和所属的设计地震分组。

例如，首都和直辖市的主要城镇抗震设防烈度为：

1)抗震设防烈度为 8 度，设计基本地震加速度值为 0.20g：

第一组：北京(东城、西城、朝阳、丰台、石景山、海淀、房山、通州、顺义、大兴、平谷)，延庆，天津(汉沽)，宁河。

2)抗震设防烈度为 7 度，设计基本地震加速度值为 0.15g：

第二组：北京(昌平、门头沟、怀柔)，密云；天津(和平、河东、河西、南开、河北、红桥、塘沽、东丽、西青、津南、北辰、武清、宝坻)，蓟县，静海。

3)抗震设防烈度为 7 度，设计基本地震加速度值为 0.10g：

第一组：上海(黄浦、卢湾、徐汇、长宁、静安、普陀、闸北、虹口、杨浦、闵行、宝山、嘉定、浦东、松江、青浦、南汇、奉贤)；

第二组：天津(大港)。

4)抗震设防烈度为 6 度，设计基本地震加速度值为 0.05g：

第一组：上海(金山)，崇明；重庆(渝中、大渡口、江北、沙坪坝、九龙坡、南岸、北碚、万盛、双桥、渝北、巴南、万州、涪陵、黔江、长寿、江津、合川、永川、南川)，巫山，奉节，云阳，忠县，丰都，壁山，铜梁，大足，荣昌，綦江，石柱，巫溪＊。

注：上标＊指该城镇的中心位于本设防区和较低设防区的分界线。

2. 建筑重要性分类、抗震设防标准、抗震设防目标

(1)建筑物重要性分类。从抗震防灾的角度，根据建筑物使用功能的重要性，按其受地震破坏时产生的后果严重程度，现行国家标准《建筑抗震设计规范》(GB 50011—2010)(以下简称为《抗震规范》)，将建筑物分为甲、乙、丙、丁四类。其中，甲类、乙类、丙类分别为国家标准《建筑工程抗震设防分类标准》(GB 50223—2008)中特殊设防类、重点设防类、标准设防类建筑的简称。

(2)抗震设防标准。所谓建筑抗震设防是对建筑物进行抗震设计，包括地震作用、抗震承载力计算和采取抗震措施，以达到抗震的效果。

建筑物的抗震设防标准是衡量抗震设防要求的尺度，其指各类工程按照规定的可靠性要求和技术经济水平所统一确定的抗震技术要求。其依据是抗震设防烈度。抗震设防标准应符合表1.5的规定。

▼表 1.5　建筑抗震设防分类

设防 分类	甲类	重大建筑工程和地震时可能发生严重次生灾害的建筑
	乙类	地震时使用功能不能中断需尽快恢复的建筑
	丙类	除甲、乙、丁类以外的一般建筑
	丁类	抗震次要建筑
地震 作用	甲类	按地震安全性评价结果确定
	乙类	应符合本地区抗震设防烈度要求
	丙类	应符合本地区抗震设防烈度要求
	丁类	一般情况下仍应符合本地区抗震设防烈度的要求
抗震 措施	甲类	当抗震设防烈度为6～8度时，应符合本地区抗震设防烈度提高1度的要求，当为9度时，应符合比9度抗震设防更高的要求
	乙类	一般情况下，当抗震设防烈度为6～8度时，应符合本地区抗震设防烈度提高一度的要求，当为9度时，应符合比9度抗震设防更高的要求，对较小的乙类建筑，当其结构改用抗震性能较好的结构类型时，应允许仍按本地区抗震设防烈度的要求采取抗震措施
	丙类	应符合本地区抗震设防烈度要求
	丁类	应允许比本地区抗震设防烈度的要求适当降低，但抗震设防烈度为6度时不应降低

注：1. 抗震措施指除结构地震作用计算和抗力计算以外的抗震设计内容，包括抗震构造措施；抗震构造措施指一般不需计算而对结构和非结构各部分必须采取的各种细部要求。

　　2. 较小的乙类建筑指工矿企业的变电所、变压站、水泵房以及城市供水水源的泵房等当为丙类建筑时，一般可采用砖混结构，当为乙类建筑时，若改用钢筋混凝土结构或钢结构，则可按本地区设防烈度的规定采取抗震措施。

抗震设防烈度为6度时，除规范有具体规定外，对乙、丙、丁类建筑可不作地震作用计算。

(3)抗震设防目标。《抗震规范》规定以"三个水准"来表达抗震设防目标，即"小震不坏，中震可修，大震不倒"。

1)第一水准：当遭受到多遇的低于本地区设防烈度的地震(小震)影响时，建筑一般应不受损坏或不需修理仍能继续使用。

2)第二水准：当遭受本地区设防烈度的地震(中震)影响时，建筑可能有一定的损坏，经一般修理和不需修理仍能继续使用。

3)第三水准：当遭受高于本地区设防烈度的罕遇地震(大震)影响时，不致倒塌或发生不危及生命的严重破坏。

规范采用两阶段设计来实现上述目标。

第一阶段设计：按第一水准(小震)的地震动参数计算结构地震作用效应并与其他荷载效应的基本组合，进行结构构件的截面承载力验算和弹性变形验算，同时采取相应的构造措施，这样既满足第一水准"不坏"的设防要求又满足第二水准"损坏可修"的设防要求。

第二阶段设计：对于地震时易倒塌的结构、有明显薄弱层的不规则结构以及特殊要求的建筑结构，还应进行结构的薄弱部位的弹塑性层间变形验算并采取相应的抗震构造措施，实现第三水准的设防要求。

小震应是发生机会较多的地震，因此，可将小震定义为烈度概率密度曲线上的峰值所对应的烈度，即众值烈度，或称多遇烈度，50 年内众值烈度的超越概率为 63.2%，这就是第一水准的烈度。

中震是各地的基本烈度，即第二水准的烈度。50 年内的超越概率大体为 10%。

大震是罕遇的地震，它所对应的烈度在 50 年内的超越概率为 2%～3%，这个烈度又可称为罕遇烈度，作为第三水准的烈度。

基本烈度与众值烈度相差约为 1.55 度，而基本烈度与罕遇烈度相差大致为 1 度。

3. 混凝土结构抗震等级

房屋建筑混凝土结构构件的抗震设计，应根据设防类别、烈度、结构类型和房屋高度采用不同的抗震等级，并应符合相应的计算和构造措施要求。丙类建筑的抗震等级应按表 1.6 确定。

▼表 1.6　现浇钢筋混凝土结构房屋抗震等级

结构类型		烈度						
		6		7		8		9
框架结构	高度/m	≤30	>30	≤30	>30	≤30	>30	≤25
	框架	四	三	三	二	二	一	一
	大跨公共建筑	三		二		一		一
框架-抗震墙结构	高度/m	≤60	>60	≤60	>60	≤60	>60	≤50
	框架	四	三	三	二	二	一	一
	抗震墙	三		二		一		一

任务实施

1. 任务布置：教师选定建筑物，要求学生确定其结构抗震等级。

2. 资料准备：建筑物相关信息。

3. 任务实施步骤。

(1)资讯。根据任务完成知识和能力储备。

(2)计划与决策。

小组讨论列出：参考资料计划、任务实施方法、任务实施步骤计划、确定本小组计划。

工作要求：分成几个小组作业，指明组长，并由组长和组员协商分配成员任务。

(3)实施：按小组制订的计划实施完成任务，并完成实训报告。

(4)检查与评价：提请小组成员汇报小组任务完成结果。

任务考核

▼　结构抗震等级确定　实训报告

班级：＿＿＿＿＿＿　　　组别：＿＿＿＿＿＿　　　姓名：＿＿＿＿＿＿

序号	建筑物名称	工程概况		抗震等级
1				
2				
3				
4				

复习思考

1. 建筑结构功能极限状态有哪些？

2. 2008 年 5 月 12 日四川汶川发生的地震造成极大危害。请查找相关资料，了解其震级、震源深度、震中烈度等情况。

砌体结构施工图识读

项目概述

本项目介绍砌体结构的材料，不同材料组成的结构适用于不同的建筑。砌体结构的构造要求，根据规范将砌体结构的构造要求详细地阐述。通过识读砌体结构施工图，使理论知识与实际工程相结合。

学习目标

1. 认识砌体结构的材料品种与规格。
2. 认识砌体材料的强度等级。
3. 熟悉砌体结构的构造要求，墙柱的高厚比、一般构造措施。
4. 判断裂缝产生的原因，并且了解防止或减轻墙体开裂的主要措施。
5. 掌握砌体结构施工图的识读方法。

任务 1 认识砌体材料

导 读

砌体结构是以砖、石或砌块为块材，用砂浆砌筑的结构，包括砖砌体、砌块砌体、石砌体和墙板砌体。在一般的工程建筑中，砌体约占整个建筑物自重的 1/2，用工量和造价约各占 1/3，是建筑工程的重要材料。砌体在建筑中起承重、围观或分隔作用，屋面为建筑物的最上层，起围护作用。用于砌体的材料品种有砖、砌块、石材、板材。

任务引入

根据《砌体结构设计规范》(GB 50003—2011)的规定，砌体材料有砖类块材、砌块、石材、砂浆等。

相关知识

一、砖类块材

(1)实心砖。实心砖是指无空洞或孔洞率小于15％的砖，可分为烧结普通砖和非烧结砖。

1)烧结普通砖是以黏土、页岩、煤矸石、粉煤灰为主要成分塑压成坯，经高温焙烧制成的实心或孔洞率小于25％的砖。目前，我国生产的标准实心黏土砖的规格为240 mm×115 mm×53 mm，重度为18～19 kN/m³。烧结普通砖分为烧结黏土砖(图2.1)、烧结页岩砖、烧结煤矸石砖、烧结粉煤灰砖等。烧结普通砖按抗压强度分为五个等级，即MU30、MU25、MU20、MU15、MU10，具体见表2.1。

▲图2.1 烧结黏土砖

▼表2.1 烧结普通砖的强度等级   MPa

强度等级	抗压强度平均值 f	变异系数 $\delta \leqslant 0.21$	$\delta > 0.21$
		强度标准值 f_k ≥	单块最小抗压强度值 f_{min} ≥
MU30	30.0	22.0	25.0
MU25	25.0	18.0	22.0
MU20	20.0	14.0	16.0
MU15	15.0	10.0	12.0
MU10	10.0	6.5	7.5

2)非烧结砖是指利用粉煤灰、煤渣、煤矸石、尾矿渣、化工渣或者天然砂、海涂泥等(以上原料的一种或数种)作为主要原料，不经高温煅烧而制造的一种新型墙体材料。由于该种材料强度高、耐久性好、尺寸标准、外形完整、色泽均一，具有古朴自然的外观，可做清水墙也可以做任何外装饰。因此，非烧结砖是一种取代黏土砖的极有发展前景的更新换代产品。免烧砖无须烧结，自然养护、常温蒸养均可。主要用于压制粉煤灰、河沙、海沙、山沙、矿粉、炉渣等为主要原料的免烧砖、蒸养砂砖、耐火砖和空心砖的生产，是国家大力提倡的环保型建材设备。

(2)空心砖。空心砖是以黏土煤矸石或粉煤灰为主要材料，孔洞较大，孔洞率大于

35%的烧结空心砖，用于围护结构。空心砖分为页岩空心砖、烧结空心砖、黏土空心砖、免烧空心砖。

1)页岩空心砖：页岩空心砖是以页岩为主体添加煤矸石，以水泥为黏合物质，机械加压制成的空体保温建筑方型材料，如图2.2所示。

▲图2.2 页岩空心砖

2)烧结空心砖：烧结空心砖简称多孔砖，是指以页岩、煤矸石或粉煤灰为主要原料，经焙烧而成的具有竖向孔洞(孔洞率不小于25%，孔的尺寸小而数量多)的砖(图2.3)。其外形尺寸，长度为290 mm、240 mm、190 mm，宽度为240 mm、190 mm、180 mm、175 mm、140 mm、115 mm，高度为90 mm。由两两相对的顶面、大面及条面组成直角六面体，在中部开设有至少两个均匀排列的条孔，条孔之间由肋相隔，条孔与大面、条面平行，其间为外壁，条孔的两开口分别位于两顶面上，在所述的条孔与条面之间分别开设有若干孔径较小的边排孔，边排孔与其相邻的边排孔或相邻的条孔之间为肋。

3)黏土空心砖：黏土空心砖，其所述长方形砖体上、下端面之间设置有一条贯穿整个砖体厚度的长条形通孔，所述长条形通孔沿所述长方形砖体长度方向设置，且位于所述长方形砖体宽度方向的中间，所述长条形通孔两端部与所述长方形砖体四角之间分别设置一组斜向通孔，所述斜向通孔贯穿整个砖体厚度，如图2.4所示。所述长方形砖体前、后、左、右四个端面的边缘处均设置有卡槽和彩釉层。本实用新型设计新颖合理、整体强度高、受力面积大、便于制作，具有良好的社会效益和经济效益。

4)免烧空心砖：免烧空心砖是一种由机器直接压制成型的空心砖，规格与普通空心砖相差不多。

▲图2.3 烧结空心砖

▲图2.4 黏土空心砖

二、砌块

砌块是砌筑用的人造块材，是一种新型墙体材料，外形多为直角六面体（图2.5），也有各种异型体砌块。砌块系列中主要规格的长度、宽度或高度有一项或一项以上分别超过365 mm、240 mm或115 mm，但砌块高度一般不大于长度或宽度的6倍，长度不超过高度的3倍。

▲图2.5 砌块

砌块按尺寸和质量大小的不同分为小型砌块、中型砌块和大型砌块。砌块系列中主规格的高度大于115 mm而小于380 mm的称为小型砌块；高度为380～980 mm称为中型砌块；高度大于980 mm的称为大型砌块。使用中以中小型砌块居多。

砌块按外观形状可以分为实心砌块和空心砌块。空心率小于25%或无孔洞的砌块为实心砌块；空心率大于或等于25%的砌块为空心砌块。

空心砌块有单排方孔、单排圆孔和多排扁孔三种形式，其中多排扁孔对保温较有利。按砌块在组砌中的位置与作用，可以分为主砌块和各种辅助砌块。

根据材料不同，常用的砌块有普通混凝土与装饰混凝土小型空心砌块、轻集料混凝土小型空心砌块、粉煤灰小型空心砌块、蒸压加气混凝土砌块、免蒸加气混凝土砌块（又称环保轻质混凝土砌块）和石膏砌块。吸气率较大的砌块不能用于长期浸水、经常受干湿交替或冻融循环的建筑部位。

三、石材

石材主要有重质岩石和轻质岩石两类。石材按加工后外形的规则程度分为细料石、半细料石、粗料石、毛料石和毛石。石材的强度等级有MU100、MU80、MU60、MU50、MU40、MU30和MU20。

四、砂浆

建筑上砌砖使用的黏结物质，由一定比例的砂和胶结材料（水泥、石灰膏、黏土等）加水和成，称为灰浆，也称为砂浆（图2.6）。砂浆是由胶凝材料（水泥、石灰、黏土等）和细骨料(砂)加水拌和而成。常用的有水泥砂浆、混合砂浆(或称为水泥石灰砂浆)、石灰砂浆和黏土砂浆。

▲图 2.6　砂浆

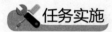 **任务实施**

识读不同的建筑图片，认识砌体的种类并且能查阅各类砌体的抗压强度设计值、轴向抗拉强度设计值、弯矩抗拉强度设计值和抗剪强度设计值。

任务考核

砌体类型	特点	适用条件

复习思考

1. 砌体结构的种类有哪些？常用的砌体材料有哪些？
2. 砌体结构中块体与砂浆的作用是什么？对砌体所用块体与砂浆的基本要求有哪些？

任务 2　砌体结构的构造要求

导　读

《砌体结构设计规范》(GB 50003—2011)规定：砌体结构应按承载力极限状态设计，并应满足正常使用极限状态下的要求。根据砌体结构的特点，砌体结构正常使用要求，一般情况下可由相应的构造措施保证。这些构造措施包括砌体结构或结构构件的稳定和整体性构造措施、耐久性措施及裂缝或变形控制措施等。

任务引入

熟悉砌体结构的构造要求，能够在实例中找出结构存在的问题并且想到相应措施。

相关知识

一、墙、柱的高厚比

墙、柱的高厚比验算是保证砌体结构稳定性的重要构造措施之一，墙、柱的允许高厚比与承载力计算无关，主要根据墙、柱在正常使用和施工情况下的稳定性和刚度要求，由经验确定。

墙、柱的高厚比验算以带壁柱墙更具代表性，而且包括带壁柱墙的整体高厚比验算和壁柱间墙高厚比验算。设置壁柱的墙又是砌体结构最常用的提高结构稳定性和承载力的重要措施。自 20 世纪 70 年代以来，构造柱、圈梁系统已成为我国多层砌体房屋的最重要的抗震构造措施之一。近年来，为提高砌体的结构的承载能力或稳定性而又不增大截面尺寸，墙中的构造柱间距已不仅仅设置在房屋墙体转角、边缘部位，而按需要设置在墙体的中间部位。这样的墙体的稳定性和承载力就是规范解决的课题之一。其中，带构造柱墙的稳定性是按类似带壁柱墙的原则处理的。即把墙中的构造柱当作壁柱，根据墙中构造柱的设置情况进行了理论分析并提出使用要求。

二、一般构造措施

1. 耐久性措施

为保证砌体结构各部分具有较均衡的耐久性等级，因此对处于受力较大或不利环境条件下的砌体材料，规定了比一般条件下较高的材料等级低限，对于使用年限大于 50 年的砌体结构，其材料耐久性等级应更高。国外发达国家的砌体材料强度等级比我国高得多，自然相应的耐久性等级也高。这两条和原规范的相应条文的要求相比虽然高了一些，但限于国情，提高幅度也不大，这与新规范适当提高砌体结构的耐久性和可靠性、促进砌体材料向高强发展都是有利的。另外，当多孔块体用于有冻胀的环境时，应采取相应的措施：当蒸压粉煤灰砖用于地面以下或基础时，其强度等级不应低于 MU15，并应选用一等砖；蒸压灰砂砖、蒸压粉煤灰砖不宜用于有侵蚀介质的地基。

2. 整体性措施

砌体结构房屋的整体性取决于砌体、砌体构件的整体稳定性及其与非砌体构件连接的可靠程度。砌体和砌体构件的整体稳定性与非砌体构件主要由其间的传力、连接构造措施保证,如设置梁垫或垫梁,以及锚固连接等。

(1)填充墙、隔墙与周边构造的连接。通常作为自承重墙的骨架,房屋的填充墙及围护墙,除满足稳定和自承重之外,从使用角度,还应具有承受侧向推力、侧向冲击荷载、吊挂荷载以及主体结构的连接约束作用的能力。因此,骨架填充墙及围护墙的材料强度等级不宜过低;与骨架或承重结构的连接,应视具体情况,采用柔性连接、半柔性或半刚性连接和刚性连接。对可能有振动或需抗震设防的骨架或结构的填充墙及围护墙,宜优先选用柔性或半柔性连接。

砌块墙与后砌隔墙的连接是保证后砌隔墙稳定性的主要措施,砌块后砌隔墙的厚度多数为 90 mm;非承重砌块砌筑的,因其墙厚较承重砌块墙(通常为 190 mm 厚)薄得多,相应高厚比很大,自然墙体自身的稳定性成为主要矛盾。由于后砌隔墙是按自承重墙设计的,容易忽略它可能要承受来自侧向的推力、撞击或冲击荷载、吊挂荷载以及地震作用,这可能成为后砌隔墙失稳或倒塌的主要原因,而一旦出现隔墙倒塌也会对生命财产造成一定的损失。因此,《建筑抗震设计规范》(GB 50011—2010)中规定了建筑非结构构件的基本抗震措施。尽管未专门列出砌块后砌隔墙的连接构造要求,但其原则是完全适用的,说明后砌隔墙与主体结构连接的重要性。本条的连接方式属柔性连接,除便于承重砌块墙体的排块设计外,对调节较长砌块隔墙的变形(砌体干缩或地震作用)也有一定的作用。但对较长的隔墙(如超过 4 m),除本条的连接外,尚应考虑其他增加稳定和防裂的措施。另外,填充墙连接处的抗裂措施也是当今工程中被看作"质量标准"的一个非常重要的内容,应引起足够重视。

下面提供两个示例。

1)多层和高层房屋悬挑外廊的填充墙,宜与其上部的梁底脱开或设置柔性垫层,如图 2.7 所示。

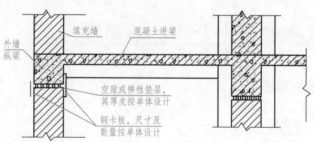

▲图 2.7 悬挑外廊填充墙脱开示意图

该例始于高层外悬挑梁刚度偏小,填充墙与梁底塞紧,引起底部填充墙因超载(即上部数十层的墙体卸载),产生压曲破坏。

2)框架柱与墙的柔性连接(图 2.8)。既解决施工后砌难,又能避免荷载集中引起自承重墙体承载力不足,设计时应控制悬挑板的刚度。

(2)砌块砌体的组砌搭接要求。混凝土砌块与整浇的混凝土结构不同,砌体是由块体和砂浆组砌而成的,砌体的强度是通过块体和砂浆的共同工作实现的,而砌体中块体必要的搭接长度是保证砌体强度的关键;反之,砌体中的材料就不能形成整体,受荷后就会过

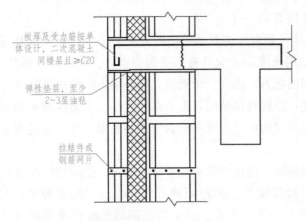

板厚及受力筋按单体设计，二次混凝土同楼层且≥C20

弹性垫层，至少2~3层油毡

拉结件或钢筋网片

▲图2.8 悬挑外夹心墙示意图

早地出现解体破坏，其受力机理是砌体中块体的错缝搭接（长度）维持砌体在竖向荷载（或变形）作用下引起的横向变形应力不致产生过早破坏的基本要素或基本构造措施。按砌体基本力学试验方法标准规定，砌体的基本抗压强度试件，其搭接长度为1/2标准块长（对砌块为190 mm），它反映了砌体施工中最普遍的组砌方式，而出现搭长为1/4标准块长（对砌块为90 mm）的情况在砌体中数量很少，考虑到基本试件比实际墙体的边界条件更不利，因此，从总体上讲能保证砌体强度的发挥。如不能满足上述的最小搭接长度，采用规定的灰缝钢筋网片也能起到类似的作用，包括抗裂约束作用。当承受较大的竖向荷载时，该部位的拉结网片的竖向间距不应大于200 mm。

砌块砌体结构房屋的组砌搭接要求，是通过砌块设计时的墙体排列图来保证的，也是砌块结构标通图包括的重要内容。另外，砌块砌体分皮错缝搭砌还能保证砌块孔洞上下贯通，是砌块砌体设置竖向钢筋的最重要的结构功能要求。

（3）砌体中设置凹槽和管槽的要求。为防止在墙体中任意开凿沟槽埋设管线引起墙体承载力的降低或承载力不足，当无法避免时应采取必要的措施或按削弱后的截面验算墙体的承载力。这些必要的措施包括允许按规定设置小的凹槽和管槽，而不需计算。

三、防止或减轻墙体开裂的主要措施

（一）防裂措施原则注释

1. 裂缝的主要表征

引起砌体结构墙体裂缝的因素很多，既有地基、温度、干缩，也有设计疏忽、不合理，施工质量、材料不合格及缺乏经验等，但最为常见的问题，也是砌体规范着力要解决的则为"温度裂缝""干缩裂缝"，以及"温度和干缩裂缝"。

（1）温度裂缝（图2.9）。主要是指由于屋盖和墙体间温度差异变形应力过大产生的砌体房屋顶层两端墙体上的裂缝，如门窗洞边的正八字斜裂缝，平屋顶下或屋顶圈梁下沿

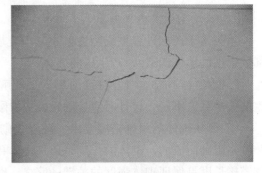

▲图2.9 温度裂缝

砖(块)灰缝的水平裂缝及水平包角裂缝(含女儿墙)。这类裂缝,在所有块体材料的墙上均很普遍,即不论是低干缩性的烧结块材,还是高干缩性的非烧结类块材,裂缝形态无本质区别,仅有程度上的不同,而且分布位置也较集中,在房屋上层的两侧。

(2)干缩裂缝(图 2.10)。主要是由于干缩性较大的块材,如蒸压灰砂砖、粉煤灰砖、混凝土砌块,随着含水率的降低,材料会产生较大的干缩变形。干缩变形早期发展较快,以后逐步变慢。但干缩后遇湿又会膨胀,脱水后再次干缩,但干缩值较小,约为第一次的 80%。这类干缩变形引起的裂缝,在建筑上分布广、数量多,开裂的程度也较严重。最有代表性的裂缝分布在建筑物底部一至二层窗台部位的垂直裂缝或斜裂缝,在

▲图 2.10　干缩裂缝

大片墙面上出现的底部重上部较轻的竖向裂缝,以及不同材料和构件间差异变形引起的裂缝等。

(3)温度和干缩裂缝。墙体裂缝可能多数情况下由两种或多种因素共同作用所致,但在建筑物上仍能呈现出是温度和干缩为主的裂缝特征。

(4)其他原因引起的裂缝。如设计方案不合理、施工质量和监督失控也常是重要的裂缝成因。

2. 裂缝宽度的控制标准问题

(1)鉴于裂缝成因的复杂性,按目前条件和本规范提供的措施,尚难完全避免墙体开裂,而是使裂缝的程度减轻或无明显裂缝,故采用了"防止或减轻"墙体开裂的措施的用语。

(2)墙体裂缝允许宽度的含义包括:一是裂缝对砌体的承载力和耐久性影响很少;二是人的感观的可接受程度。钢筋混凝土结构的裂缝宽度大于 0.3 mm 时,通常在美学上难以接受,砌体结构也不例外。尽管砌体结构的安全的裂缝宽度可以更大些。但是在住宅商品化的今天,砌体房屋的裂缝不论是否为 0.3 mm,只要可见,已成为住户判别"房屋安全"的直观标准。

(二)防止温度变化和砌体干缩变形引起的砌体房屋顶层墙体开裂的措施

为防止或减轻由于混凝土屋盖和墙体间的温差变形和墙体干缩变形引起的顶层墙体的开裂,可根据具体情况采取或选择下列措施。

(1)根据砌体房屋墙体材料和建筑体型、屋面构造选择适合的温度伸缩区段。

(2)屋面应设置有效的保温层或隔热层。

(3)采用装配式有檩体系钢筋混凝土屋盖或瓦材屋盖。

(4)屋面保温层或屋面刚性面层及砂浆找平层设置分隔缝,其间距不大于 6 m,并与女儿墙隔开,缝宽不小于 30 mm。

(5)在屋盖的适当部位设置分割缝,间距不宜大于 20 m(图 2.11)。

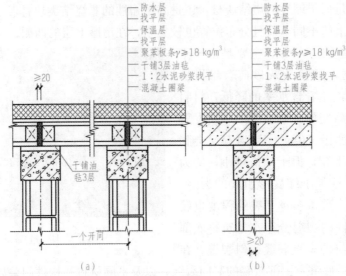

▲图 2.11 屋盖分割缝

(a)预制板屋盖分割缝;(b)现浇板屋盖分割缝

(6)当现浇混凝土挑檐或坡屋顶的长度大于 12 m,宜沿纵向设置分隔缝或沿坡顶脊部设置分隔缝,缝宽不小于 20 mm,缝内应用防水弹性材料嵌填(图 2.12)。

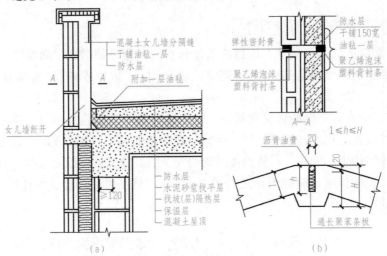

▲图 2.12 女儿墙、坡屋顶分割缝

(a)女儿墙分割缝;(b)坡屋顶分割缝

(7)当房屋进深较大时,在沿女儿墙内侧的现浇板处设置局部分割缝,缝宽不小于 20 mm,缝内应用防水弹性材料嵌填(图 2.13)。

(8)在混凝土屋面板与墙体圈梁间设置滑动层。滑动层可采用两层油毡夹滑石粉或橡胶片;对较长的纵墙可只在两端的 2~3 个开间内设置,对横墙可只在其两端各 1/4 墙长

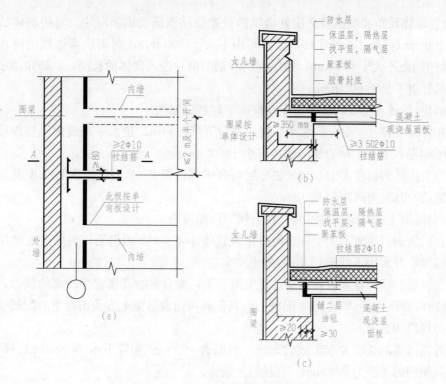

▲图 2.13　沿女儿墙屋盖处局部分割缝

(a)屋面局部平面示意；(b)圈梁无局部突出；(c)A—A圈梁局部突出

范围内设置。

(9)顶层屋面板下设置现浇混凝土圈梁，并沿内外墙拉通，房屋两端圈梁下的墙体内适当配置水平钢筋。

(10)顶层挑梁与圈梁拉通。当不能拉通时，在挑梁末端下墙体内设置 3 道焊接钢筋网片或 2φ6 钢筋，其从挑梁末端伸入两边墙体不小于 1 000 mm。

(11)在顶层门窗洞口过梁上的水平灰缝内设置 2～3 道焊接钢筋网片或 2φ6 钢筋，并应伸入过梁两端墙内不小于 600 mm。

(12)顶层墙体内适当增设构造柱。

(13)女儿墙应设构造柱，其间距不大于 4 m，构造柱应伸入女儿墙顶，并与现浇混凝土压顶梁浇在一起。

(三)防止或减轻房屋其他有关部位墙体开裂的构造措施

根据砌体材料、结构形式选择或采用下列构造措施。

1. 增强砌体抗裂能力的措施

(1)设置基础圈梁或增加其刚度。

(2)在底层窗台下砌体灰缝中设置 3 道 2φ4 焊接钢筋网片或 2φ6 钢筋；或采用现浇混凝土配筋带或窗台板，灰缝钢筋或配筋带不少于 3φ8 并应伸入窗间墙内不小于 600 mm。

（3）在墙体转角和纵横墙交接处沿竖向设置拉结钢筋或钢筋网片。对砖砌体拉结筋的数量每 120 mm 厚墙不少于 1φ6，竖向间距不大于 500 mm；对砌块砌体拉结网片不小于 2φ4，竖向间距不大于 600 mm。拉结钢筋和钢筋网片埋入砌体的长度，从转角墙或交接墙内侧算起每边不小于 600 mm。

（4）对灰砂砖、粉煤砖砌体房屋尚宜在下列部位加强。

1）在各层门窗过梁上方的水平灰缝内及窗下第一和第二道水平灰缝内设置焊接钢筋网片或 2φ6 钢筋，其伸入两边窗间墙内不小于 600 mm。

2）当实体墙的长度大于 5 m，在每层墙高中部设置 2～3 道焊接钢筋网片或 3φ6 的通长水平钢筋，其竖向间距为 500 mm。

（5）对混凝土砌块砌体房屋尚宜在下列部位加强。

1）在门窗洞口两侧不少于一个洞口中设置不小于 1φ12 的钢筋，钢筋应在楼层圈梁或基础梁锚固，并采用不低于 Cb20 混凝土灌实。

2）在顶层和底层设置通长钢筋混凝土窗台梁，窗台梁的高度宜为块高的模数，纵筋不少于 4φ10，箍筋 φ6@200、C20 混凝土，其他各层门窗过梁上方及窗台下的配筋要求，宜符合相关规范的要求。

3）对实体墙的长度大于 5 m 的砌块，沿墙高 400 mm 配置不小于 2φ4 通长焊接网片，网片横向钢筋的间距为 200 mm，直径同主筋。

4）在门窗洞口两边墙体的水平灰缝中，设置长度不小于 900 mm，竖向间距为 400 mm 的 2φ4 焊接网片。

（6）灰砂砖、粉煤灰砖砌体宜采用黏结性好的砂浆，混凝土砌块应采用专用砂浆，其强度等级不宜低于 Mb10。

2. 在墙体中设置竖向控制缝

在墙体中设置竖向控制缝，如图 2.14 所示。

本措施可用于所有材料的砌体，但更适于干缩变形较大的灰砂砖、粉煤灰砖、混凝土砌块等砌体结构的裂缝控制，房屋墙体控制缝设置的位置和间距可按下列规定采用。

（1）在建筑物墙体高度或厚度突然变化处，在门窗洞口的一侧或两侧设置竖向控制缝；并宜在房屋阴角处设置控制缝。

（2）对 3 层以下的房屋，应沿墙体的全高设置；对大于 3 层的房屋，可仅在建筑物的 1～2 层和顶层墙体的部位设置。

（3）控制缝在楼、屋盖的圈梁处可不贯通，但在该部位圈梁外侧宜留宽度和深度均为 12 mm 的槽做成假缝，以控制可预料的裂缝。

（4）控制缝的间距不宜大于 9 m；落地门窗口上缘与同层顶部圈梁下皮之间距离小于 600 mm 者可视为控制缝；建筑物尽端开间内不宜设置控制缝。

（5）控制缝可做成隐式，与墙体的灰缝相一致，控制缝的宽度宜通过计算，且不宜大于 12 mm。控制缝应用弹性密封材料填缝。

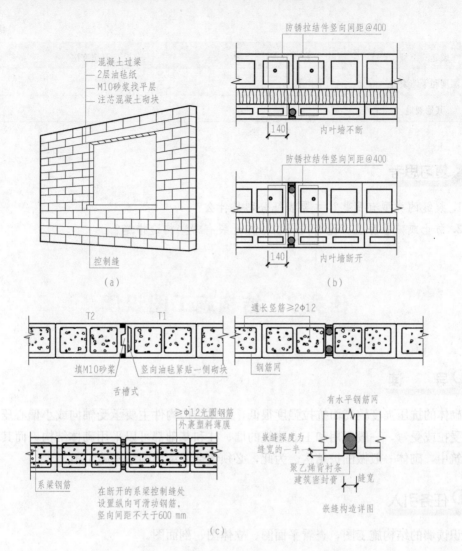

▲图 2.14　在墙体中设置竖向控制缝

(a)利用窗洞留缝；(b)夹心墙留缝；(c)控制缝形式

任务实施

看图识裂缝，讲出裂缝的主要表征，并且判断出裂缝的类型。找出防止或减轻墙体开裂的主要措施。

任务考核

裂缝的类型	裂缝特点	控制方法
温度裂缝		
干缩裂缝		

续表

裂缝的类型	裂缝特点	控制方法
温度和干缩裂缝		
其他裂缝		

复习思考

1. 裂缝的类型有哪些? 主要表征分别是什么?
2. 防止或减轻房屋其他有关部位墙体开裂有哪些构造措施?

任务3 结构施工图识读

导 读

砌体的抗压强度较高而抗拉强度很低,砌体结构构件主要承受轴向或小偏心压力,而很少受拉或受弯,一般民用和工业建筑的墙、柱和基础都可以采用砌体结构,而其他结构的建筑中,砌体一般做围护结构。为此,必须学会识读墙的结构施工图。

任务引入

识读墙的结构施工图,查看平面图、立体图、剖面图。

相关知识

一、结构施工图的内容与作用

1. 内容

混合结构施工图主要表示房屋各承重构件(如基础、墙体、梁、板等)的结构布置,构件种类、数量、构件的外部形状大小和内部构造,以及材料及构件间的相互关系。其内容一般包括以下几个方面:

(1)结构设计总说明。

(2)基础图:包括基础平面图和基础详图。

(3)结构平面布置图:包括楼层结构平面布置图和房屋结构布置图。

(4)结构构件详图：包括楼梯结构详图，梁、板结构详图，其他详图。

2. 作用

结构施工图是施工放线、挖槽、浇筑混凝土、安装梁、板，编制预算和施工进度计划的重要依据。

二、结构施工图的识读

1. 结构设计总说明

结构设计总说明一般放在结构施工图的第一张，根据工程的复杂程度，结构设计总说明的内容有多有少，但一般均包括五个方面的内容：

(1)主要设计依据：上级机关的批文，国家有关的标准、规范等。

(2)自然条件：包括地质勘探资料，地震设防烈度，风、雪荷载等。

(3)施工要求和施工注意事项。

(4)对材料的质量要求。

(5)合理使用年限。

2. 结构平面布置图

结构平面布置图是表示房屋各层承重构件布置的设置情况及相互关系的图样，它是施工时布置或安放各层承重构件、制作圈梁和浇筑现浇板的依据。一般包括楼层结构平面布置图和屋面结构布置图。结构平面布置图主要包括以下内容：

(1)图名和比例。

(2)定位轴线和编号。

(3)墙体的厚度及门窗洞口的位置，门窗洞口宽用虚线表示，在门窗洞口处注明过梁的代号、编号与数量。

(4)现浇板的位置、配筋、厚度、标高与编号。

(5)预制板的布置情况、编号、数量及标高。

(6)梁的布置情况、编号。

(7)构造柱的位置、编号和尺寸。

(8)圈梁的平面位置、尺寸和配筋。圈梁的平面位置既可以用粗点画线另外画出，也可以用文字说明。

(9)各节点详图的剖切位置及索引。

(10)预留洞口的位置和洞口尺寸。

任务实施

图 2.15 为二层结构平面图，由图可知：

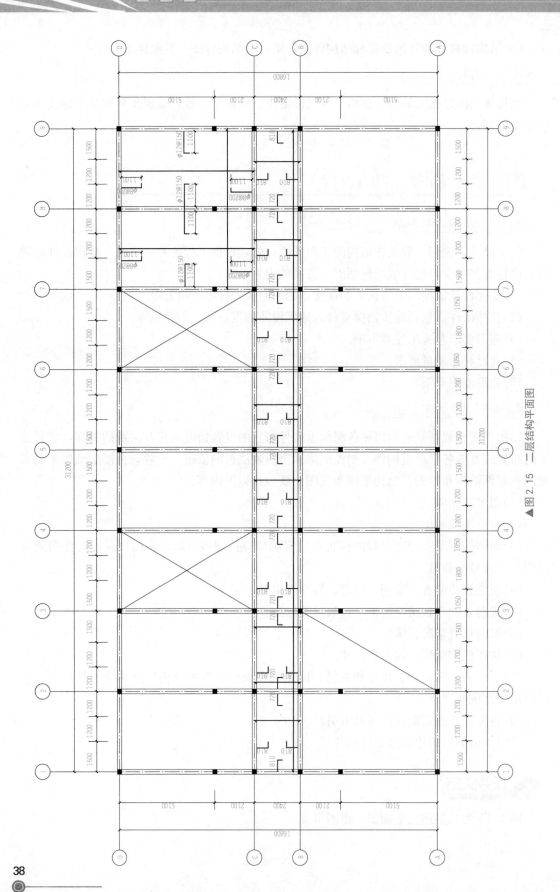

▲图 2.15 二层结构平面图

（1）图名为二层结构平面图，比例是1：100。

（2）水平定位轴线编号为①～⑨，竖向定位轴线编号为Ⓐ～Ⓓ。

（3）墙体的厚度为240 mm，在门窗洞口处注明了预制钢筋混凝土过梁的代号与数据，由说明可知，图中未做标注的过梁皆为圈梁兼作过梁的情况。

（4）两卫生间为现浇板，编号为②，板厚110 mm，由说明第6项可知卫生间板顶标高为2.870 m。沿⑦轴、⑧轴支座钢筋为Φ12@150，支座钢筋伸出墙边1 100 mm；沿Ⓒ轴、Ⓓ轴支座钢筋为Φ8@200，支座钢筋伸出墙边1 100 mm；板下部沿短边方向钢筋及边长方向钢筋根据说明第3项可知均为Φ8@150，且板内分布筋均为Φ6@250。

内走廊为现浇板，编号为③，板厚110 mm，板顶标高为2.970 m。沿①轴支座钢筋为Φ8@150，支座钢筋伸出墙边810 mm；沿②轴支座钢筋为Φ8@150，支座钢筋伸出梁L2两边各720 mm；沿Ⓑ轴、Ⓒ轴支座钢筋为Φ8@150，支座钢筋伸出810 mm；板下部沿短边方向钢筋及长边方向钢筋根据说明第3项可知均为Φ8@150，且板内分布筋为Φ6@250。

（5）除卫生间、内走廊、楼梯间外，其余房间均铺设预制板，板编号为①—10YKB3961，板顶标高为2.970 m。

（6）梁共有两种：L1和L2。梁L1有4根，其中在Ⓒ轴上楼梯间入口处两根，在Ⓑ轴与③、④轴、⑥、⑦轴上为门厅处，有两根，L1轴线间长度为3.9 m；梁L2有7根，沿内走廊②～⑧轴线布置，L2轴线间长度为2.4 m。

（7）图中涂成黑色的矩形为构造柱GZ和GZ1。

（8）圈梁的平面位置、尺寸和配筋。圈梁截面尺寸为240 mm×240 mm，圈梁顶部标高为本楼层平面标高2.970 m，圈梁上部钢筋为2Φ12，下部钢筋为2Φ12，箍筋为Φ8@250。

（9）雨棚（共两个）板顶标高为2.800 m，外挑1.3 m。

🔧 任务考核

选择一个基础层的结构施工图，针对设计总说明，识读图名和比例、定位轴线和编号、墙体的厚度及门窗洞口的位置、有梁板的位置等。

🔧 复习思考

1. 结构施工图包括哪些内容？

2. 施工图识读时，一般应注意哪些要点？

浅基础施工图识读

建筑基础是整个建筑物的重要组成部分。在设计过程中不仅需要考虑建筑物的上部结构条件，如上部结构的形式、规模、荷载大小和性质、结构的整体刚度等，还需要充分考虑建筑场地条件和地基岩土性状，结合施工方法以及工期、造价等各方面因素，确定合理的地基基础方案。

学习目标

1. 掌握建筑基础的类型及其构造要求。
2. 了解浅基础的设计要点。
3. 熟悉建筑基础施工图的相关内容。
4. 懂得建筑基础的类型及其构造要求。
5. 能运用所学的建筑基础的相关知识识读基础结构施工图。

任务 1　认识基础类型

导　读

众所周知，万丈高楼平地起，任何建筑物都是建造在地层上的，因此建筑物的全部荷载都应由它下部的地层来承担。建筑物下面支承基础的地层称为地基；直接与地基接触，并把建筑上部的荷载传递给地基的那部分结构称为基础。地基、基础及上部结构的关系如图 3.1 所示。

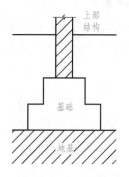

▲图 3.1　地基、基础及上部结构的示意图

根据《建筑地基基础设计规范》(GB 50007—2011)的规定，浅基础的形式有无筋扩展基础、扩展基础、柱下钢筋混凝土条形基础、筏形基础、箱形基础、壳体基础等；深基础的形式有桩基础、沉井、地下连续墙等。

🔧 相关知识

一般而言，建筑物的基础根据埋置深度不同可以划分为浅基础和深基础两大类。埋置深度不小于 5 m 的基础称为深基础。当浅层土质不良，需要埋置在较深的土层中，并使用专门的施工机具和方法进行施工的基础，就属于深基础。埋置深度不大于 5 m，可用一般施工方法或经过简单的地基处理就可以施工的基础，称为浅基础。

由于天然地基上的浅基础具有施工方便，不需要复杂的施工设备，工期短、造价低的优点；而深基础往往施工比较复杂，工期较长、造价较高，因此在保证建筑物的安全性和正常使用的前提下，宜优先选用浅基础。

基础按结构形式可分为：扩展基础、柱下条形基础、柱下十字形基础、筏形基础、箱形基础、桩基础等。按基础所用材料的性能又可分为刚性基础(无筋扩展基础)和柔性基础(钢筋混凝土基础)。

🔍 1. 扩展基础

将上部结构传来的荷载，通过向侧边扩展成一定底面积，使作用在基底的压应力等于或小于地基土的允许承载力，而基础内部的应力应同时满足材料本身的强度要求，这种起到压力扩散作用的基础称为扩展基础。扩展基础包括无筋扩展基础和钢筋混凝土扩展基础。

(1)无筋扩展基础。无筋扩展基础通常又称为刚性基础。它是指由砖、毛石、混凝土或毛石混凝土、灰土和三合土等材料组成的墙下条形基础或柱下独立基础，如图 3.2所示。

无筋扩展基础的材料均为脆性材料，抗压能力强而抗拉、剪、弯能力差，所以多用于 6 层或 6 层以下(三合土基础不宜超过 4 层)的民用建筑和轻型厂房。

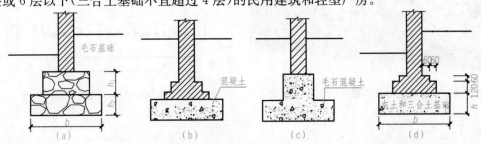

▲图 3.2　常见无筋扩展基础示意图

(a)毛石基础；(b)素混凝土基础；(c)毛石混凝土基础；(d)灰土和三合土基础

（2）钢筋混凝土扩展基础。钢筋混凝土扩展基础通常又称为柔性基础。它是指柱下钢筋混凝土独立基础和墙下钢筋混凝土条形基础。这类基础的抗弯和抗剪强度大，整体性、耐久性较好，与无筋基础相比，其基础高度较小。因此，该基础适用于上部结构荷载较大、土质软弱的情况，目前在我国地基基础的设计中得到广泛的应用。

1）柱下钢筋混凝土独立基础。混凝土独立基础主要用于框架、排架结构柱的基础。现浇柱的独立基础可做成锥形或阶梯形；预制柱则采用杯口基础。杯口基础通常用于装配式单层工业厂房。柱下钢筋混凝土独立基础的构造如图3.3～图3.5所示。

2）墙下钢筋混凝土条形基础。混凝土条形基础是承重墙基础的主要形式，可分为板式和梁板式两种，如图3.6所示。当地基土分布不均匀时，常用有肋式调整地基土的不均匀沉降，增强基础的整体性。

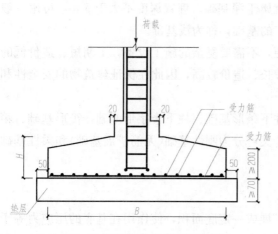

▲图3.3　柱下钢筋混凝土独立基础

▲图3.4　基础插筋钢筋构造三维示意图

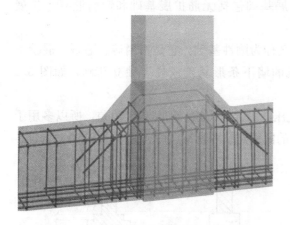

▲图3.5　基础梁加腋钢筋构造三维示意图

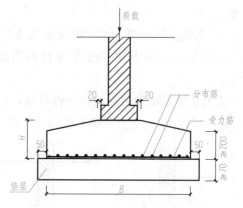

▲图3.6　墙下钢筋混凝土条形基础

🔧 2. 柱下条形基础

当地基较为软弱、柱荷载或地基压缩性分布不均匀，以至于采用扩展基础可能产生较大的不均匀沉降时，常将同一方向（或同一轴线）上若干柱子的基础连成一体而形成柱下条形基础。柱下条形基础如图 3.7 所示。

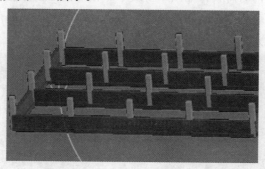

▲图 3.7　柱下条形基础

这种基础的抗弯刚度较大，因而具有调整不均匀沉降的能力，并能将所承受的集中柱荷载较均匀地分布到整个基底面积上，但造价较高。柱下条形基础是常用于软弱地基上框架或排架结构的一种基础形式。

3. 筏形基础

当建筑物上部荷载较大而地基承载能力又比较弱时，用简单的独立基础或条形基础已不能适应地基变形的需要，这时常将墙或柱下基础连成一片，使整个建筑物的荷载承受在一块整板上，这种满堂式的板式基础称为筏形基础。筏形基础如图 3.8 所示。

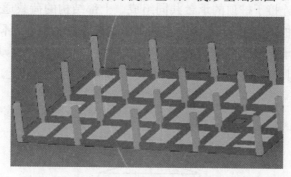

▲图 3.8　筏形基础

筏形基础由于其底面积大，故可减小基底压强，同时也可提高地基土的承载力，并能更有效地增强基础的整体性，调整不均匀沉降。因此，它具有前述各类基础所不完全具备的良好受力功能。

筏形基础分为平板式和梁板式，一般根据地基土质、上部结构体系、柱距、荷载大小及施工条件等确定。

平板式筏形基础的底板是一块厚度相等的钢筋混凝土平板。平板式基础适用于柱荷载不大、柱距较小且等柱距的情况。当柱网间距大时，一般采用梁板式筏形基础。

4. 箱形基础

箱形基础是由钢筋混凝土的底板、顶板和若干纵横墙组成的，形成中空箱体的整体结构，共同来承受上部结构的荷载，如图 3.9 所示。箱形基础整体空间刚度大，对抵抗地基的不均匀沉降有利，一般适用于高层建筑或在软弱地基上造的上部荷载较大的建筑物。当基础的中空部分尺寸较大时，可用作地下室等。

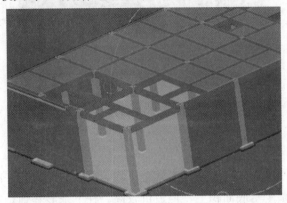

▲图 3.9 箱形基础

5. 桩基础

当浅层地基土无法满足建筑物对地基的变形和强度要求时，可利用深层较坚硬的土层作为持力层，从而设计成深基础。桩基础是常用的深基础之一。

桩基础由基桩和连接于桩顶的承台共同组成，上部结构的荷载通过墙或柱传给承台，再由承台传至下部的桩，如图 3.10 所示。桩基础具有承载力高、沉降速率慢、沉降量较小且均匀等特点，能承受较大的竖向荷载、水平荷载、上拔力以及动力作用。在高层建筑、重型厂房和各种具有特殊要求的构筑物中，桩基础应用十分广泛。

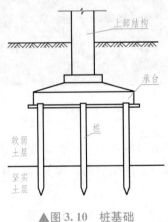

▲图 3.10 桩基础

任务实施

抄绘不同类型基础的示意图，熟悉建筑基础的类型。

任务考核

基础类型	特点	适用条件

复习思考

名词解释

1. 浅基础
2. 深基础
3. 无筋扩展基础
4. 钢筋混凝土扩展基础

任务2　浅基础构造要求

导　读

由于天然地基上的浅基础具有技术简单、工程量小、施工方便、造价较低的优点，因此在保证建筑物的安全和正常使用的前提下，应优先选用天然地基上的浅基础。

任务引入

重新识读任务1中的浅基础示意图，根据老师讲解的相关知识，利用图集查找信息。

相关知识

基础埋置深度（简称埋深）是指基础底面至天然地面的距离。确定基础的埋置深度是基础设计工作的重要一环，它直接关系到基础方案的优劣和造价的高低。一般来说，在满足地基稳定和变形的条件下，基础应尽量浅埋。

一、影响基础埋深的因素

基础埋置深度的影响因素很多，应综合各种因素加以确定。

1. 建筑物的用途及使用条件的影响

确定基础埋置深度时，建筑物的用途，有无地下室、设备基础和地下设施，基础的形式和构造都是重要的影响因素。例如，高层建筑为了满足稳定性的要求，在抗震设防区，筏形基础的埋置深度不宜小于建筑物高度的 1/18～1/20。

2. 荷载的大小和性质的影响

在满足地基稳定和变形要求的前提下，基础宜浅埋，当上层地基的承载力大于下层土时，宜利用上层土作为持力层。除岩石地基以外，基础埋深不宜小于 0.5 m。

3. 工程地质和水文地质条件的影响

为满足地基承载力和变形的要求，基础应尽可能埋置在良好的持力层上。当有地下水存在时，基础应尽量埋置在地下水位以上，这样既可以避免施工时排水困难，又可以减轻地基的冻害；当必须将基础埋置在地下水位以下时，应采取一定的措施，保证地基土在施工时不受到扰动。当基础埋置在易风化的岩层上时，施工时应在基坑开挖后立即铺筑垫层。

4. 相邻建筑物基础埋深的影响

当有相邻建筑物时，新建建筑物的基础埋置深度不宜大于原有建筑物的基础。当基础埋置深度大于原有的建筑物基础时，两基础之间要保持一定的净距，其数值应根据原有建筑的荷载大小、基础形式和土质情况来确定。当上述要求不能满足时，应采取分段施工，设临时加固支撑，打板桩，地下连续墙等施工措施或者加固原有建筑物的地基。

5. 地基土冻胀和融陷的影响

在我国北方寒冷地区，当气温降至零摄氏度以下时，土中的水会冻结，使体积膨胀，从而发生土体冻胀的现象。当气温回升，土中的冰融化，土体也有可能产生融陷现象。所以，在确定基础埋深时应考虑地基的冻胀性。在冻胀、强冻胀、特强冻胀地基上，对在地下水位以上的基础，基础侧面应回填非冻胀性的中砂或粗砂，其厚度应不小于 10 cm。对在地下水位以下的基础，可采用桩基础或采取其他有效措施。对跨年度施工的建筑，入冬前应对地基采取相应的防护措施；按采暖设计的建筑物，当冬季不能正常采暖时，也应对地基采取保温措施。

二、浅基础的构造要求

1. 无筋扩展基础

无筋扩展基础抗压强度较高，而抗拉、抗剪强度较低。基础底面尺寸由材料的强度等级和台阶的高宽比控制。基础高度应满足无筋扩展基础台阶高宽比的允许值(表 3.1),具体设计要求参见《建筑地基基础设计规范》(GB 50007—2011)有关规定。

▼表 3.1　无筋扩展基础台阶高宽比的允许值

基础种类	质量要求	台阶宽高比的允许值		
		$P_k \leqslant 100$	$100 < P_k \leqslant 200$	$200 < P_k \leqslant 300$
混凝土基础	C15 混凝土	1 : 1.00	1 : 1.00	1 : 1.25
毛石混凝土基础	C15 混凝土	1 : 1.00	1 : 1.25	1 : 1.50
砖基础	砖不低于 MU10,砂浆不低于 M5	1 : 1.50	1 : 1.50	1 : 1.50
毛石基础	砂浆不低于 M5	1 : 1.25	1 : 1.50	—
灰土基础	体积比为 3 : 7 或 2 : 8 的灰土,其最小干密度:粉土 1.55 t/m³;粉质黏土 1.50 t/m³;黏土 1.45 t/m³	1 : 1.25	1 : 1.50	
三合土基础	体积比为 1 : 2 : 4~1 : 3 : 6(石灰:砂:骨料),每层均虚铺 220 mm;夯至 150 mm	1 : 1.50	1 : 2.00	

以砖基础为例,砖基础的剖面为阶梯形,如图 3.11 所示,称为大放脚。各部分的尺寸应符合砖的模数,其砌筑方式分为"二皮一收"和"二一间隔收"两种。二皮一收是指每砌两皮砖,收进 1/4 砖长(即 60 mm);二一间隔收是指底层砌两皮砖,收进 1/4 砖长,再砌一皮砖,收进 1/4 砖长,如此反复。

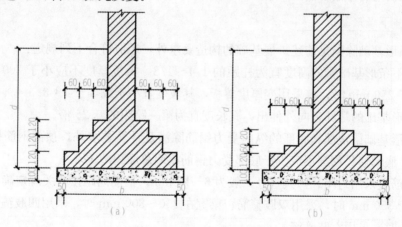

▲图 3.11　砖基础剖面图

(a)"二皮一收"砌法;(b)"二一间隔收"砌法

🔧 2. 钢筋混凝土基础

(1)柱下钢筋混凝土独立基础构造要求,应符合下列要求:

1)锥形基础的边缘高度,不宜小于 200 mm;阶梯形基础的每阶高度,宜为 300~500 mm,

当基础高度大于等于 600 mm 而小于 900 mm 时，阶梯形基础应分两级；当基础高度大于等于 900 mm 时，则分三级。

2）为便于搁置模板，现浇柱的基础顶面尺寸，每边应比柱的截面尺寸大 50 mm 以上。

3）扩展基础底板受力钢筋的最小直径不宜小于 10 mm，间距不宜大于 200 mm，也不宜小于 100 mm。

4）现浇柱的基础，其插筋的数量、直径以及钢筋种类应与柱内纵向受力钢筋相同，插筋的下端宜做成直勾放在基础底板钢筋网上。插入基础的钢筋，上下至少应有两道箍筋固定。

5）锥形基础斜面倾斜角度应不大于 30°，阶梯形基础的外边线应在 45°线以外。

（2）墙下钢筋混凝土条形基础的构造，应符合下列要求：

1）垫层的厚度不宜小于 70 mm，通常采用 100 mm，垫层混凝土强度等级不宜低于 C10。

2）锥形基础的边缘高度不宜小于 200 mm，阶梯形基础的每一级高度宜为 300～500 mm。

3）底板受力钢筋的最小直径不宜小于 10 mm，间距不宜大于 200 mm，也不宜小于 100 mm；分布钢筋的直径不宜小于 8 mm，间距不大于 300 mm。当有垫层时钢筋保护层厚度不小于 40 mm，无垫层时不小于 70 mm。

4）混凝土强度等级不应低于 C20。

5）钢筋混凝土条形基础底板在 T 形及十字形交接处，底板横向受力钢筋仅沿一个主要受力方向通长布置，另一方向的横向受力钢筋可布置到主要受力方向底板宽度 1/4 处；在拐角处底板横向受力钢筋应沿两个方向布置。

3. 柱下条形基础

柱下条形基础除满足前述扩展基础的构造要求外，还应符合下列规定：

（1）柱下条形基础梁的高度宜为柱距的 1/4～1/8。翼板厚度不应小于 200 mm。当翼板厚度大于 250 mm 时，宜采用变厚度翼板，其坡度宜小于或等于 1∶3。

（2）条形基础的端部宜向外伸出，其长度宜为第一跨距的 0.25 倍。

（3）条形基础梁顶部和底部的纵向受力钢筋除满足计算要求外，顶部钢筋按计算配筋全部贯通，底部通长钢筋不应少于底部受力钢筋截面总面积的 1/3。

（4）箍筋应采用封闭式，其直径一般为 6～12 mm，箍筋间距按有关规定确定。当梁宽小于或等于 350 mm 时，采用双肢箍筋；梁宽在 350～800 mm 时，采用四肢箍筋；梁宽大于 800 mm 时，采用六肢箍筋。

（5）柱下条形基础的混凝土强度等级，不应低于 C20。

4. 筏形基础

筏形基础常用于高层建筑，其构造要求如下：

（1）高层建筑的平板式筏基，筏板伸出墙柱外缘的宽度不宜大于 2.0 m；对梁板式筏基，筏板伸出基础梁外缘的宽度，在基础纵向不宜大于 0.8 m，横向不宜大于 1.2 m。多层建筑的墙下筏基，筏板悬挑墙外的长度，从轴线起算横向不宜大于1.5 m，纵向不宜大于1.0 m。

（2）筏板可以根据需要设计成等厚度或变厚度。对于高层建筑，平板式筏基的板厚不宜小于400 mm；梁板式的板厚应不小于300 mm，且板厚与板格的最小跨度之比不宜小于1/20。多层建筑筏基的板厚可适当减小，其中墙下筏基的板厚不得小于200 mm。

（3）平板式和梁板式筏基均可用作柱下和墙下基础。梁板式筏基的梁可以增大基础自身的刚度，当需使筏板顶面保持为平面时，基础梁可从板底向下伸出，墙下筏板也可在其厚度内设置暗梁。

（4）对肋梁不外伸的双向外伸悬挑板，其转角部分最好切角，并在板底布置辐射状、直径与边跨的受力钢筋相同、内锚长度大于外伸长度且大于混凝土受拉锚固长度的附加钢筋，其外端最大间距不大于200 mm。平板式筏基两种板带顶部的钢筋和梁板式筏基跨中的钢筋都应按实际配筋全部连通。

（5）筏基的混凝土强度等级，对高层建筑应不低于C30，多层建筑的墙下筏基可采用C20。地下水位以下的地下室筏基防水混凝土的抗渗等级，应根据地下水的最高水头与混凝土厚度之比确定，且不应低于0.6 MPa。

5. 箱形基础

箱形基础的构造要求如下：

（1）箱形基础高度一般取建筑物高度的1/8～1/12，同时不宜小于其长度的1/18。

（2）底、顶板的厚度应满足柱或墙冲切验算要求，根据实际受力情况通过计算确定。底板厚度一般取隔墙间距的1/8～1/10，约为30～100 cm，顶板厚度约为20～40 cm，内墙厚度不宜小于20 cm，外墙厚度不应小于25 cm。

（3）基础混凝土强度等级不宜低于C20。

（4）为保证箱形基础的整体刚度，对墙体的数量应有一定的限制，即平均每平方米基础面积上墙体长度不得小于40 cm，或墙体水平截面积不得小于基础面积的1/10，其中纵墙配置量不得小于墙体总配置量的3/5。

🔧 任务实施

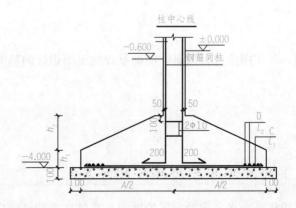

对照柱下钢筋混凝土独立基础构造要求，抄绘上图。

任务考核

基础类型	构造要求
无筋扩展基础	
柱下钢筋混凝土独立基础	
墙下钢筋混凝土条形基础	
柱下条形基础	
筏形基础	
箱形基础	

复习思考

1. 简述影响基础埋深的因素。
2. 简述钢筋混凝土条形基础的构造要求。

任务3 基础施工图识读

导 读

基础施工图是表示建筑物室内地面以下基础部分的平面布置及详细构造。通常由基础平面布置图和基础详图和基础设计说明组成。它们是施工放线、土方开挖、砌筑或浇筑混凝土基础的依据。

任务引入

认识基础施工图，利用图集查找信息，明确基础施工图识读的基本方法。

相关知识

一、基础平面图的表示方法

基础平面图是假想用一个水平面沿房屋的地面与基础之间把整幢房屋剖开后，移开上层的房屋和泥土(基坑没有填土之前)所做出的基础水平投影。

其主要内容包括:

(1)图名、比例。

(2)纵、横向定位轴线及其编号。

(3)基础梁、柱、基础底面的尺寸及其与轴线的关系。

(4)剖面图的剖切线及其编号。

二、基础施工图识读注意事项

基础施工图识读一般应注意以下事项:

(1)查阅建筑图,核对所有的轴线是否与基础一一对应,了解是否有的墙下无基础而用基础梁替代,基础的形式有无变化,有无设备基础。

(2)对照基础的平面和剖面,了解基底标高和基础顶面标高有无变化,有变化时是如何处理的。如果有设备基础时,还应了解设备基础与设备标高的相对关系,避免因标高有误造成严重的责任事故。

(3)了解基础中预留洞和预埋件的平面位置、标高、数量,必要时应与需要这些预留洞和预埋件的工种进行核对,落实其相互配合的操作方法。

(4)了解基础的形式和做法。

(5)了解各个部位的尺寸和配筋。

三、基础平面图识读举例

独立基础平面图的识读,传统的表达方式是基础平面布置图结合基础详图,基础详图是根据正投影图原理表达平面及立面高度尺寸、结构配筋。如图 3.12 所示。

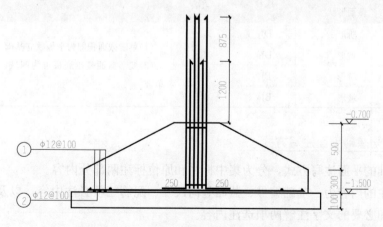

▲图 3.12　基础详图传统的表达方式(一)

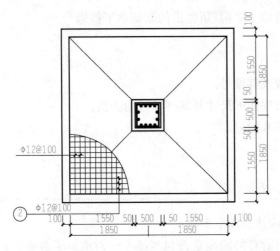

▲图 3.12 基础详图传统的表达方式(二)

1. 一般规定

(1)当绘制独立基础平面布置图时,应将独立基础平面与基础所支承的柱一起绘制。当设置基础连梁时,可根据图面的疏密情况,将基础连梁与基础平面布置图一起绘制,或将基础连梁布置图单独绘制。

(2)在独立基础平面布置图上应标注基础定位尺寸;当独立基础中心线或杯口中心线与建筑定位轴线不重合时,应标注其偏心尺寸;对于编号相同且定位尺寸相同的基础,可仅选择一个进行标注。

2. 独立基础编号

独立基础编号,见表3.2。

▼表 3.2 独立基础编号

类型	基础底板截面形状	代号	序号	说明
普通独立基础	阶形	DJ_J	××	(1)单阶截面积即为平板独立基础。 (2)坡形截面基础底板可为四坡、三坡、双坡及单坡
	坡形	DJ_P	××	
杯口独立基础	阶形	BJ_J	××	
	坡形	BJ_P	××	

3. 独立基础平面注写方式

独立基础的平面注写方式,分为集中标注和原位标注两部分内容。

集中标注的内容为:基础编号、截面竖向尺寸、配筋三项必注内容,以及基础底面相对标高高差和必要的文字注解两项选注内容。

原位标注的内容为:基础的平面尺寸。素混凝土普通独立基础标注除无基础配筋外其他项目与普通独立基础相同。

(1)集中标注。集中标注,见表 3.3。

表 3.3　集中标注

集中标注说明:(在基础平面图上集中引出)		
$DJ_J\times\times$ 或 $BJ_J\times\times$ $DJ_P\times\times$ 或 $BJ_P\times\times$	基础编号,具体包括:代号、序号	阶形截面编号加下标 J 坡形截面编号加下标 P
$h_1/h_2\cdots\cdots$	普通独立基础截面竖向尺寸	若为阶形条基,单阶时只标 h_1,其他情况各阶尺寸自下而上以"/"分隔顺写
a_0/a_1,$h_1/h_2/h_3$	杯口独立基础截面竖向尺寸	a_0/a_1 为杯口内尺寸,h 项含义同普通独立基础

(2)原位标注。原位标注,见表 3.4。

表 3.4　原位标注

原位标注说明		
x、y、x_c、y_c、x_i、y_i 或 x、y、x_u、y_u、t_i、x_i、y_i 或 D、d_c、b_i	独立基础两向边长 x、y,柱截面尺寸 x_c、y_c(圆柱为 d_c),阶宽或坡形平面尺寸 x、y,杯口上口尺寸 x_i、y_i,杯壁厚度 t_i,圆形独立基础外环直径 D,圆形独立基础阶宽或坡形截面尺寸 b_i	X、Y 为平面坐标方向,规定同前;x_u、y_u 按柱截面边长两侧双向各加 75 mm,杯口下口尺寸为插入杯口的相应柱截面边长每边各加 50 mm;圆形独立基础截面形式通过编号及竖向尺寸加以区别

3)独立基础标注示例。独立基础标注示例,见表 3.5。

表 3.5　独立基础标注示例

示　　例	图示符号	实际含义
独立基础 DJP01 300/300 B:X&Y Φ10@120 独立基础标注示例	DJ,01	编号:坡形独立基础 01 号
	300/300	竖向截面尺寸: h_1＝300 m,h_2＝300 mm
	B:X&$Y\Phi$10 @120	基础底板配筋,X 和 Y 方向均配直径 10 mm HPB300 级钢、间距 120 mm
	原位尺寸标注	
	3 600	独立基础两向边长 x、y,3 600 mm
	450	柱截面尺寸 x、y,450 mm
	1 575	阶宽或坡形平面尺寸 x、y,1 575 mm

4. 独立基础的截面注写方式

独立基础的截面注写方式又可分为截面标注和列表注写两种表达方式。

采用截面注写方式，应在基础平面布置图上对所有基础进行编号，编号方式同平面注写方式。截面标注的内容和形式与传统"单构件正投影表示方法"基本相同。

采用列表注写的方式对多个同类基础可进行集中表达时，表中内容为基础截面的几何数据和配筋，截面示意图上应标注与表中栏目相对应的代号，见表 3.6。

表 3.6 独立基础列表注写示例

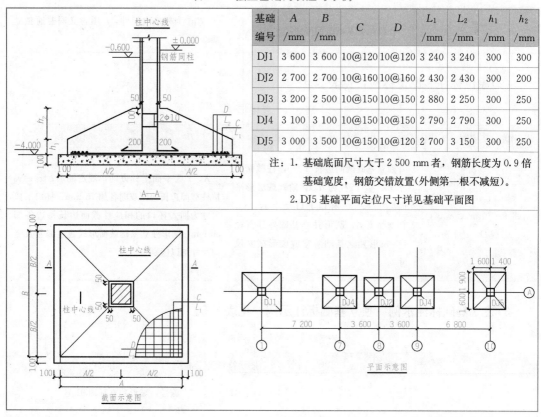

基础编号	A/mm	B/mm	C	D	L_1/mm	L_2/mm	h_1/mm	h_2/mm
DJ1	3 600	3 600	10@120	10@120	3 240	3 240	300	300
DJ2	2 700	2 700	10@160	10@160	2 430	2 430	300	200
DJ3	3 200	2 500	10@150	10@150	2 880	2 250	300	250
DJ4	3 100	3 100	10@150	10@150	2 790	2 790	300	250
DJ5	3 000	3 500	10@150	10@120	2 700	3 150	300	250

注：1. 基础底面尺寸大于 2 500 mm 者，钢筋长度为 0.9 倍基础宽度，钢筋交错放置（外侧第一根不减短）。
2. DJ5 基础平面定位尺寸详见基础平面图

5. 独立基础平法施工图实例

(1)独立基础平面布置图应将独立基础平面与基础所支撑的柱一起绘制。当设置连梁时，可根据图面的疏密情况，将基础连梁与基础平面图一起绘制，或将基础连梁布置图单独绘制。图中共包括六种独立基础类型，一种基础连梁。如图 3.13、表 3.7 所示。

(2)水平定位轴线编号从①到⑬，水平方向轴线间总长 42 m；竖向定位轴线编号④到①，竖向轴线间总长 15 m。

(3)基础分布在柱下，为矩形柱下独立基础。图中涂成黑色的矩形为柱子，每种类型基础的具体尺寸已在独立基础明细表中标出，如 DJ01 为坡形，底部尺寸为 3.3 m×3.3 m。

(4)DJ05、DJ06 为联合式独立基础，对于双柱基础除了基础底部配筋外，尚需在两柱间配置基础顶部钢筋或设置基础梁。

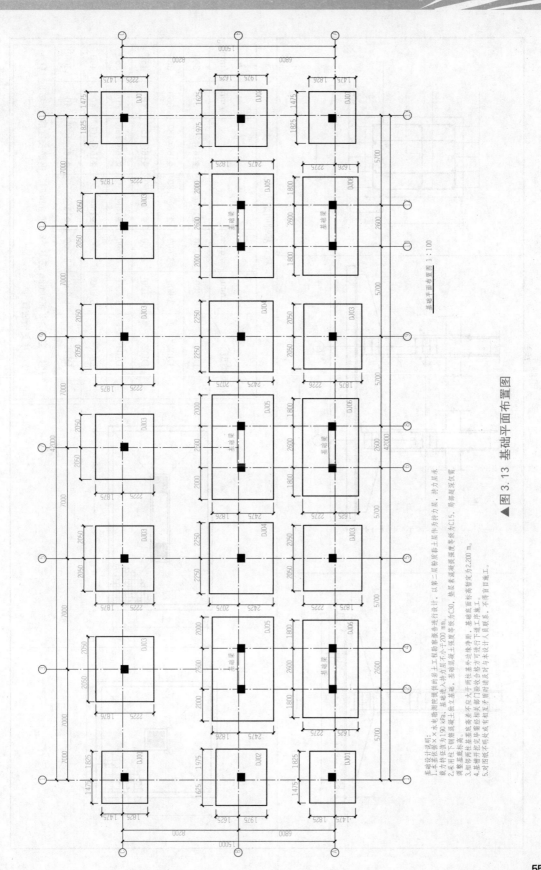

基础平面布置图　1：100

▲图 3.13　基础平面布置图

基础设计说明：
1.本基础依据×ד水电勘测院提供的岩土工程勘察报告进行设计，以第二层粉质黏土层作为持力层，持力层承载力特征值为190 kPa，基础进入持力层不小于200 mm。
2.采用柱下钢筋混凝土独立基础，基础垫层混凝土强度等级为C30，垫层素混凝土强度等级为C15，局部短接仅供调整基底标高。
3.相邻两柱基础底高差不应大于两柱连接净距。基础临面标高暂定安定为2.200 m。
4.基槽开挖至配套基础后应采部门验收收合格方可进行下道工序施工。
5.对图纸不明处或有相互矛盾时请通及时与本设计人员联系，不得自自施工。

▼表 3.7 独立基础详图与明细表

独立基础明细表

参数 基础类型	A /mm	B /mm	A_x	A_y	h_1 /mm	h_2 /mm
DJ01	3 300	3 300	Φ16@200	Φ16@200	350	300
DJ02	3 600	3 600	Φ16@180	Φ16@180	350	350
DJ03	4 100	4 100	Φ16@150	Φ16@150	400	450
DJ04	4 500	4 500	Φ16@150	Φ16@150	400	550
DJ05	6 600	4 300	Φ16@150	Φ16@100	400	400
DJ06	6 200	3 900	Φ16@150	Φ16@100	400	300

说明：当 $A>2\,500$ mm 或 $B>2\,500$ mm 时，钢筋长度取 $l=0.9A$（$l=0.9B$），并交错放置

四、条形基础平面图识读

1. 一般规定

(1)当绘制条形基础平面布置图时,应将条形基础与基础所支承的上部结构的柱、墙一起绘制。

(2)当梁板式基础梁中心或条形基础板中心与建筑定位轴线不重合时,应标注其偏心尺寸;对于编号相同的条形基础,可仅选择一个进行标注。

(3)梁板式条形基础平法施工图将梁板式条形基础分解为基础梁和条形基础底板分别进行表达。

(4)板式条形基础平法施工图仅表达条形基础底板,当墙下设有基础圈梁时,再加注基础圈梁的截面尺寸和配筋。

2. 条形基础编号

(1)条形基础梁编号,见表3.8。

表 3.8　条形基础梁编号

类型	代号	序号	跨数及有否外伸
基础梁	JL	××	(××)端部无外伸 (××A)一端有外伸 (××B)两端有外伸

(2)条形基础板编号,见表3.9。

表 3.9　条形基础板编号

类型	基础底板 截面形状	代号	序号	跨数及有否外伸
条形基础底板	坡形	TJB_P	××	(××)端部无外伸
	阶形	TJB_J	××	(××A)一端有外伸 (××B)两端有外伸

3. 基础梁的平面注写方式

基础梁的平面注写方式,分为集中标注和原位标注两部分。

集中标注的内容为:基础梁编号、截面尺寸、配筋三项必注内容,以及基础梁底面标高与基础底面基准标高不同时的相对高差和必要的文字注解两项选注内容。

原位标注的内容为:基础梁端或梁在柱下区域的底部全部纵筋、附加箍筋或(反扣)吊筋、外伸部位的变截面高度尺寸和某项内容在某跨的修正内容。

(1)集中标注,见表3.10。

表 3.10 集中标注

集中标注说明：（集中标注应在第一跨引出）		
注写形式	表达内容	附加说明
JL××（×B）	基础梁编号，具体包括：代号、序号、（跨数及外伸状况）	（×）无外伸仅标跨数；（×A）一端有外伸；（×B）两端有外伸
$b×h$	截面尺寸：梁宽×梁高	当加腋时，用 $b×h×Yc_1×Yc_2$ 表示，其中 c_1 为腋长，c_2 为腋高
××Φ××@×××/×××（×）	箍筋道数、强度、直径、第一种间距/第二种间距、肢数	Φ：钢筋强度等级符号，"/"：用来分隔不同箍筋的间距及肢数，按从基础梁两端向跨中的顺序注写

（2）原位标注，见表 3.11。

表 3.11 原位标注

原位标注(含贯通筋)的说明：		
×Φ××　×/×	梁端或梁在柱下区域底部纵筋根数、强度等级、直径，以及用"/"分隔的各排筋根数	此项为底部包括贯通筋与非贯通筋在内的全部纵筋。非贯通筋自柱边向跨内延伸至 $l_n/3$，多于两排时，自第三排起由设计注明。l_n：边支座边跨净长，中支座取相邻两跨较大者
×Φ××	附加箍筋总根数（两侧均分）或（反扣）吊筋、强度等级、直径	在平面图十字交叉梁中刚度较大的条形梁上直接引注，当多数相同时，可在施工图上统一注明，少数不同的在原位引注
$b×h$，h_1/h_2	外伸部位变截面高度	h_1 为根部截面高度，h_2 尽端截面高度
其他原位标注	某部位与集中标注不同的内容	一经原位标注，原位标注值优先

（3）基础梁标注示例，见表 3.12。

表 3.12 基础梁标注

示　　例	图示符号	实际含义
	JL1(2)	编号：基础梁1号，两跨
	250×500	截面尺寸：梁宽 250 mm，梁高 500 mm
	15Φ14@100/200(4)	箍筋配置：箍筋为 HRB335 级钢，直径 14 mm，从梁两端起向跨内按间距 100 mm 设置15道，其余按间距 200 mm 布置，均为 4 肢箍
	B：4Φ25；T：4Φ25	梁底部配置贯通筋为 4 根直径 25 mm 的 HRB400 级钢；梁顶部配置贯通筋 4 根直径 25 mm 的 HRB400 级钢
	7Φ25 3/4	轴线3支座处，梁底部全部纵筋为 7 根根直径 25 mm 的 HRB400 级钢（包括贯通筋 B：4Φ25），分两排，上排 3 根，下排两根

4. 条形基础的截面注写方式

条形基础的截面注写方式，又可分为截面注写和列表注写(结合截面示意图)两种表达方式。

采用截面注写方式，应在基础平面布置图上对所有条形基础进行编号，编号方式同平面注写方式。

对条形基础进行截面标注的内容和形式，与传统"单构件正投影表示方法"基本相同。

采用列表注写(结合截面示意图)的方式对多个条形基础进行集中表达时，表中内容为条形基础截面的几何数据和配筋，截面示意图上应标注与表中栏目相对应的代号。

5. 条形基础平法施工图实例

条形基础平法施工图，如图3.14所示。

(1)编号JL01(6B)为纵向基础梁，六跨，两端延伸；$b \times h$ 表示梁截面宽度与高度。

(2)基础梁的截面尺寸 $b \times h$ 为宽×高。当基础梁外伸部位采用变截面高度时，在该部位注写 h_1/h_2，h_1 为根部截面的高度，h_2 为尽端截面的高度。

(3)注写基础梁的箍筋，当仅采用一种箍筋间距时，注写钢筋级别、直径、间距与肢数(箍筋肢数注写在括号内)；当采用两种或多种箍筋间距时，用"/"分隔不同箍筋的间距及肢数，按照从基础梁两端向跨中的顺序注写；当采用两种不同箍筋时，先注写第一段箍筋(在前面加注箍筋道数)，在斜线后再注写第二段箍筋(不再加注箍筋道数)。例如：11Φ14@150/250(4)，表示配置两种HRB335级箍筋，直径均为14，从梁两端起向跨内按间距150 mm设置11道，其余部位间距为250 mm，均为4肢箍。

(4)注写基础梁底部、顶部及侧面纵向钢筋时，以B打头注写梁底部贯通纵筋，以T打头注写梁顶部贯通纵筋；当梁底部或顶部贯通纵筋多于一排时，用"/"将各排纵筋自上而下分开；以G打头注写梁两侧对称设置的纵向构造钢筋的总配筋值，如G8Φ14表示每个侧面配置纵向构造钢筋4根，直径14 mm，共配置8根。

(5)当条形基础的底面标高与基础底面基准标高不同时，将条形基础底面相对标高高差注写在"(　)"内。

(6)当条形基础梁的设计有特殊要求时，宜增加必要的文字注解。

条形基础底板的集中标注内容为：条形基础底板编号、截面竖向尺寸、配筋三项必注内容，以及条形基础底板底面相对标高高差、必要的文字注解两项选注内容。

①编号TJB01(6B)为条形基础底板，六跨，两端延伸。当条形基础底板为坡形截面时，h_1/h_2 表示坡高/底板端部厚度；当条形基础底板为阶梯形，h_1/h_2 为下阶高/上阶高。

②条形基础底板配筋注写中，以B打头注写底部横向受力钢筋；以T打头注写顶部横向受力钢筋；用"/"分隔横向受力钢筋与构造钢筋。

③当条件基础底板的底面标高与基础底面基准标高不同时，将条形基础底面相对标高高差注写在"(　)"内。

④当条形基础底板的设计有特殊要求时，宜增加必要的文字注解。

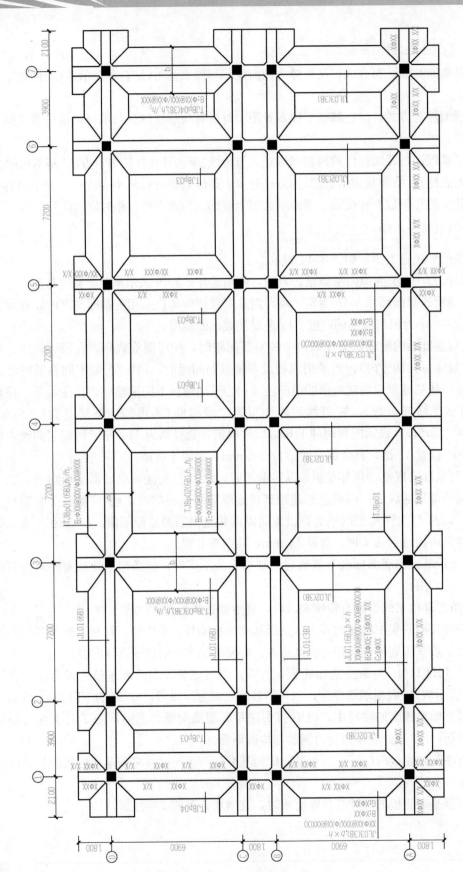

▲图3.14 条形基础平面施工图

任务实施

参观基础施工现场，进行基础施工图识读实训。

任务考核

选择一个有代表性的钢筋混凝土基础工程，针对该工程的基础形式、平面布置、埋置深度、底面尺寸、截面尺寸、构造要求等方面进行深入认识，并在此基础上，进行系统的识图训练。

复习思考

基础施工图识读时，一般应注意哪些要点？

钢筋混凝土结构基础知识

项目概述

　　框架结构、剪力墙结构和框架-剪力墙结构是常见的钢筋混凝土结构。钢筋混凝土柱、梁、板和剪力墙是钢筋混凝土结构的主体构件。本项目主要介绍钢筋混凝土结构构件的组成材料、类型和基本构造要求。

学习目标

　　1. 认识钢筋的型号规格、力学性能指标和符号表达。

　　2. 认识混凝土的类型、强度等级、强度指标。

　　3. 认识钢筋混凝土基本构件板、梁、柱和剪力墙，了解其构造要求。

　　4. 能对钢筋质量、混凝土试块质量进行判断。

　　5. 了解预应力混凝土构件的材料、受力原理、变形特点和施工工艺，并了解其应用范围。

任务 1　认识钢筋

导　读

　　钢材有多种截面形状，如钢板、钢管、钢筋等。而在钢筋混凝土结构中，使用最广泛的是钢筋，钢筋能提高结构构件和体系的承载力，减小变形。

任务引入

　　拆字"砼"——人工石——混凝土，为什么要让钢筋和混凝土结合在一起？

　　对于钢筋混凝土结构，大家根据图纸要能明确构件所选用的钢筋类型、级别、尺寸和数量，从而进行施工放样，能从施工中依据图纸查核钢筋配置。

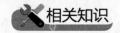

相关知识

一、钢筋类型

(1)按钢筋化学成分可分为碳素钢和普通低合金钢。

1)碳素钢的化学成分以铁为主,还含少量的碳、硅、锰、硫、磷等元素。碳素钢按其含碳量的多少可分为低碳钢(含碳量<0.25%)、中碳钢(含碳量为 0.25%~0.6%)和高碳钢(含碳量为 0.6%~1.4%)。碳素钢的强度随含碳量增加而提高,但塑性和韧性随之降低,可焊接性能变差。

2)普通低合金钢是在碳素钢已有成分中再加入少量的合金元素,如锰、硅、钒、钛、铬等,加入这些元素后可有效地提高钢材的强度,改善塑性和可焊接性能。

(2)按加工方法可分为热轧钢筋(图 4.1)、热处理钢筋、冷加工钢筋。

(3)按力学性能不同可分为软钢和硬钢。

(4)按热轧钢筋的外形特征可分为光圆钢筋、变形钢筋、钢丝、钢绞线(图 4.2)。

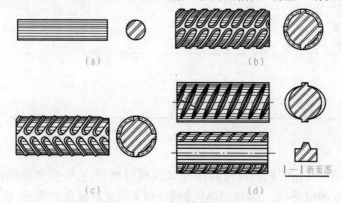

▲图 4.1 热轧钢筋外形特征

(a)光圆钢筋;(b)螺纹钢筋;(c)人字纹钢筋;(d)月牙纹钢筋

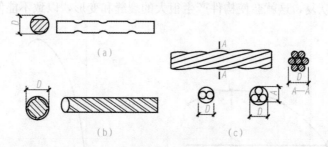

▲图 4.2 钢绞线

(a)刻痕钢丝;(b)螺旋肋钢丝;(c)7 股钢绞线

预应力螺旋钢筋如图 4.3 所示。

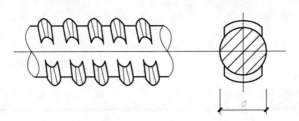

▲图 4.3 预应力螺旋钢筋

（5）按钢筋的强度分类，具体见表 4.1。

▼表 4.1 普通钢筋强度标准值   N/mm²

牌 号	符号	公称直径 d/mm	屈服强度标准值 f_{yk}	极限强度标准值 f_{stk}
HPB300	φ	6～22	300	420
HRB335	φ	6～50	335	455
HRBF335	φ^F			
HRB400	φ	6～50	400	540
HRBF400	φ^F			
RRB400	φ^R			
HRB500	Φ	6～50	500	630
HRBF500	Φ^F			

二、钢筋的力学性能指标

1. 强度

钢筋混凝土结构所用的钢筋，按其拉伸试验所得到的应力-应变曲线性质的不同，可分为有明显屈服点的钢筋（图 4.4）（如热轧钢筋）和无明显屈服点的钢筋（图 4.5）（如高强钢丝）两大类。钢筋的强度指标有抗拉极限强度和屈服强度。屈服强度是钢筋强度设计时的主要依据，这是因为构件中的钢筋应力达到屈服点后，钢筋将产生很大的塑性变形，即使卸去荷载也不能恢复，这就会使构件产生很大的裂缝和变形，以致不能使用。

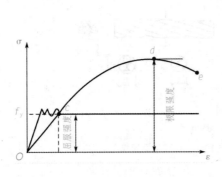

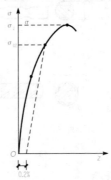

▲图 4.4 有明显屈服点钢筋的 $\sigma\varepsilon$ 曲线   ▲图 4.5 无明显屈服点钢筋的 $\sigma\varepsilon$ 曲线

软钢——有明显屈服点的钢筋；硬钢——无明显屈服点的钢筋。

为了使钢材强度标准值与其检验标准相统一，规范取冶金行业标准的废品限值作为钢材强度标准值，相当于材料强度的平均值减去2倍标准差$(f_{ym}-2\sigma)$（f_{ym}为钢筋屈服强度平准值，σ为标准差），即有97.73％的保证率，满足《混凝土结构设计规范》（GB 50010—2010)规定"不小于95％保证率"的要求。

2. 塑性指标

反映钢筋变形能力的塑性指标主要有伸长率和冷弯性能。

(1)钢筋拉断后的伸长量与拉伸前原长的比率称为伸长率，用$\delta 5$、$\delta 10$表示；伸长率越大，钢筋的塑性性能越好。

(2)冷弯是把直径为d的钢筋围绕直径为$D(D=1d$或$D=3d)$的钢辊进行弯折，如图4.6所示，在达到规定的冷弯角度α(90°或180°)时，不能出现裂纹或断裂。若钢筋所绕钢辊直径D越小，弯转角度α越大，则该钢筋的塑性性能就越好。

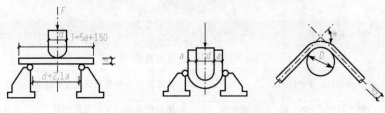

▲图4.6 钢筋的冷弯试验图

3. 钢筋的弹性模量 E_s

钢筋的弹性模量是反映弹性阶段钢筋应力与应变之间关系的物理量。钢筋弹性模量应符合表4.2的规定。

▼表4.2 钢筋弹性模量　　　　　　　　　　　　$\times 10^5$ N/mm²

牌号或种类	弹性模量 E_s
HPB300 钢筋	2.10
HRB335、HRB400、HRB500 钢筋、HRBF335、HRBF400、HRBF500 钢筋、RRB400 钢筋、预应力螺纹钢筋、中强度预应力钢丝	2.00
消除应力钢丝	2.05
钢绞线	1.95

三、钢筋的型号规格

钢筋混凝土用钢可分为三个部分：热轧光圆钢筋、热轧带肋钢筋、钢筋焊接网。屈服强度、抗拉强度、伸长率和冷弯性能是有明显屈服点钢筋进行质量检验的四项主要指标，对明显屈服点的钢筋则只测定后三项。

带肋钢筋的表面标志应符合下列规定：带肋钢筋应在其表面轧上牌号标志，还可依次轧上经注册的厂名(或商标)和公称直径毫米数。

钢筋牌号以阿拉伯数字或阿拉伯数字加英文字母表示，HRB335、HRB400、HRB500分别以3、4、5表示，HRBF335、HRBF400、HRBF500分别以C3、C4、C5表示。厂名以汉语拼音字头表示。公称直径毫米数以阿拉伯数字表示。

公称直径不大于10 mm的钢筋，可不轧制标志，采用挂标牌的方法。标志应清晰明了，标志的尺寸由供方按钢筋直径大小作适当规定，与标志相交的横肋可以取消。牌号带E(如HRB400E、HRBF400E等)的钢筋，应在标牌及质量证明书上明示。

除上述规定外，钢筋的包装、标志和质量证明书应符合《型钢验收、包装、标志及质量证明书的一般规定》(GB/T 2101—2008)的有关规定。

热轧钢筋是用低碳钢和低合金钢在高温下轧制而成的。根据其力学性能指标，可分为HPB300(ϕ)、HRB335(Φ)、HRB400(Φ)、RRB400(Φ^R)、HRB500(Φ)，具体见表4.3。

▼表4.3 钢筋符号一览表

钢筋符号	外 形
ϕ—HPB300	光圆钢筋
Φ—HRB335，Φ—HRB400，Φ—HRB500	普通低合金热轧月牙纹变形钢筋
Φ^F—HRBF335，Φ^F—HRBF400，Φ^F—HRBF500	细晶粒热轧月牙纹变形钢筋
Φ^R—RRB400	余热处理钢筋、月牙纹变形钢筋(价格相对低，可焊接性较差，机械连接性较差，施工适应性较差)

🔧**任务实施**

1. 主要仪器设备

钢筋切割机(供教师做试样制备时使用)。

2. 试样及其制备

制作各种规格的钢筋，每个试件长25～30 cm，按不同直径共制作30组，其中5组标明钢筋直径供学生认识训练，其余25组仅标注编号，供学生识别练习。试样制备由教师完成。

3. 任务步骤

(1)学生在教师指导下，熟悉教师所提供的各种规格的钢筋。

(2)学生识别教师所指定钢筋，并填入实训报告。

(3)学生查阅(教材等)所识别钢筋的其他参数，并填写实训报告。

(4)实训结果处理。

(5)填写实训报告。

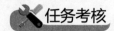 **任务考核**

▼钢筋识别实训表

实训人员：_____ 日 期：_____ 指导教师：_____

项目 \ 编号	①	②	③	④	⑤	⑥	⑦	⑧
直径								
表面特征								
强度等级								
钢筋代号								
图纸符号								
设计强度								
面 积								

注：表中直径、面积、设计强度等应填明正确的单位（应采用常用单位）

复习思考

钢筋的外表和强度等级之间有联系吗？

任务2 认识混凝土

导 读

混凝土是建筑工程中应用非常广泛的一种建筑材料，其抗压强度较高，而抗拉强度较低。因此，未配置钢筋的素混凝土构件只适用于受压构件，但其破坏比较突然，故在施工中极少使用。

任务引入

认识混凝土，按要求制作混凝土试块，经标准养护后，进行抗拉和抗压试验，测出其强度，并分析混凝土强度与其尺寸之间的关系。

相关知识

一、混凝土的相关概念

(1)混凝土：由水泥、砂、石子和水按一定比例拌和，经搅拌、成型、养护后凝固而成的水泥石，也可简写为混凝土，其抗压能力好，但抗拉能力差，容易因受拉而断裂。

(2)钢筋混凝土：为提高混凝土的抗拉性能，常在混凝土受拉区域加入钢筋，使两种材料黏结成一个整体，共同承受外力。

(3)钢筋混凝土构件：用钢筋混凝土材料制成的梁、板、柱等构件。在工地现场浇筑的称为现浇钢筋混凝土构件；在构件厂等工地以外预先把构件制作好，然后运到工地安装的，称为预制钢筋混凝土构件。

(4)钢筋混凝土结构：由钢筋混凝土构件组成承重体系的房屋建筑。如框架结构、框架-剪力墙结构等。

(5)混凝土等级：《混凝土结构设计规范》(GB 50010—2010)规定，混凝土强度等级应按立方体抗压强度标准值确定，共 14 个等级，即 C15、C20、C25、C30、C35、C40、C45、C50、C55、C60、C65、C70、C75、C80，字母后的数字表示以 MPa 为单位的立方体抗压强度标准值。其中，C60 以上的称为高强度混凝土。

二、混凝土的性能特点

(一)混凝土的强度

(1)混凝土的立方体抗压强度 f_{cu}：用边长为 150 mm 的立方体标准试件，在标准试验条件(温度为 20 ℃±3 ℃、湿度在 90% 以上的标准养护室中)下养护 28 天或设计规定龄期，并用标准试验方法测得的具有 95% 保证率的立方体抗压强度，如图 4.7 所示。

$$f_{cu}(150) = 0.95\, f_{cu}(100)$$
$$f_{cu}(150) = 1.05\, f_{cu}(200)$$

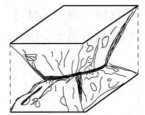

▲图 4.7 立方体试块破坏形态图

(2)混凝土的轴心(棱柱体)抗压强度 f_c：实际工程中钢筋混凝土轴心抗压构件的长度要

比截面尺寸大得多，因此，取棱柱体(150 mm× 150 mm× 300 mm)标准试件测定轴心抗压强度。真实反映以受压为主的混凝土结构构件的抗压强度，如图 4.8 所示。

(3)混凝土的轴心抗拉强度 f_t：取棱柱体(100 mm×100 mm×500 mm，两端埋有钢筋)的抗拉极限强度为轴心抗拉强度。混凝土的抗拉强度比抗压强度小得多，为抗压强度的 1/10～1/20。

▲图 4.8　棱柱体体试块破坏形态图

(二)混凝土的变形

(1)混凝土在单向受压时的 σ-ε 曲线(图 4.9)。

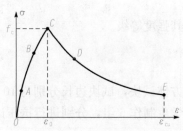

▲图 4.9　混凝土在单向受压时的 σ-ε 曲线

OA——弹性阶段　σ：$0.3f_c$；

AB——弹塑性阶段　σ：$0.3f_c$～$0.8f_c$ 裂缝稳定阶段；

BC——裂缝不稳定阶段　σ：$0.8f_c$～$1.0f_c$。

三个特征值：

f_c——轴心抗压强度；

ε_0——对应于峰值点应变，《混凝土结构设计规范》(GB 50010—2010)规定 $\varepsilon_0 = 0.002$；

ε_{cu}——混凝土极限压应变，《混凝土结构设计规范》(GB 50010—2010)规定 $\varepsilon_{cu} = 0.0033$。

(2)混凝土的弹性模量。

(3)混凝土的变形模量。

(4)徐变。混凝土在荷载(即使荷载不变)的长期作用下，应变随时间增长的现象，称为徐变。如图 4.10 所示。

(5)混凝土的收缩、膨胀和温度变形。收缩是指混凝土在空气中结硬体积减小的现象，与荷载无关。如图 4.11 所示。

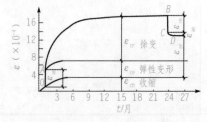

▲图 4.10　混凝土的徐变

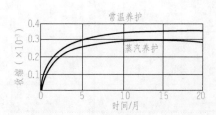

▲图 4.11　混凝土的收缩

三、混凝土的选用

素混凝土结构的混凝土强度等级不应低于 C15；钢筋混凝土结构的混凝土强度等级不应低于 C20；采用强度等级 400 MPa 及以上的钢筋时，混凝土强度等级不应低于 C25。

预应力混凝土结构的混凝土强度等级不宜低于 C40，且不应低于 C30。

承受重复荷载的钢筋混凝土构件，混凝土强度等级不应低于 C30。

任务实施

制作混凝土试块，并测出其强度等级。

1. 主要仪器设备。压力机。

2. 试样及其制备。

制作各种规格的混凝土立方体试块，试块边长分别为 10 cm、15 cm 和 20 cm，教师制作 1 组，供抗压试验示范用。学生制作 6 组，分别进行抗压试验。

3. 任务步骤。

(1)学生在教师指导下，制作混凝土试块。

(2)教师示范混凝土抗压试验，并记录数据。

(3)学生分组进行抗压试验，记录数据并填写实训报告。

(4)师生进行数据分析。

(5)填写实训报告。

任务考核

▼ 混凝土试块抗压试验 实训报告

实训人员：_____ 日　期：_____ 指导教师：_____

项目	1	2	3	4	5
试块边长	150×150×150	100×100×100	200×200×200	150×150×300	100×100×500
压力1/变形1					
压力2/变形2					
压力3/变形3					
强度					

结论：

复习思考

1. 混凝土的强度指标有哪些？强度等级是如何划分的？
2. 混凝土立方体抗压强度指标大小与试块尺寸有关吗？

任务3 认识钢筋混凝土构件

导 读

框架结构、剪力墙结构和框架-剪力墙结构是钢筋混凝土结构，钢筋混凝土梁、柱、板、剪力墙是其主体承重构件。为保证施工和使用时的安全，板、梁、柱和剪力墙等主体部分要满足功能要求，符合结构承载力计算要求和适用性耐久性验算要求，同时，还要满足构件相关构造规定。了解构件的构造要求，为项目五正确地识读施工图图纸奠定基础。

任务引入

识读展厅结构施工图，分析展厅结构体系，并将其承重构件的位置、数量、材料、截面尺寸和配筋等信息填入实习表。

相关知识

钢筋混凝土梁、板是典型的受弯构件。例如，楼盖或屋盖的梁和板、楼梯中梁和板、门窗过梁、工业厂房中的吊车梁等；柱和剪力墙是受压构件，如图4.12所示。

▲图4.12 框架结构主体构件配筋图

一、钢筋混凝土梁

1. 梁的截面形状与尺寸

梁和板是典型的受弯构件。梁和板的区别，主要在于截面高宽比(h/b)的不同。根据使用要求和施工方案，现浇钢筋混凝土梁的截面形式多采用矩形、T形或倒L形。现浇板可按截面高度等于板厚h、宽度取1 m单位的矩形截面计算。预制钢筋混凝土梁和板的截面形式较多，如工字截面梁、圆孔板、槽形板等。为了便于搁置预制板，可采用十字形、花篮形的梁截面(图4.13)。图4.14所示为梁和板的常见截面形式。梁的截面尺寸要满足承载力、刚度和抗裂三个方面的要求。

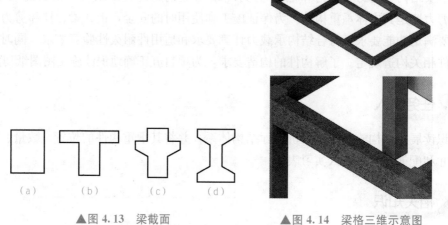

| (a) | (b) | (c) | (d) |

▲图4.13　梁截面

(a)矩形梁；(b)T形梁；(c)花篮形梁；(d)工字形梁

▲图4.14　梁格三维示意图

2. 梁的配筋

梁中钢筋通常配置纵向受力钢筋、箍筋、弯起钢筋、上部纵向构造钢筋、梁侧构造钢筋，如图4.15～图4.18所示。

▲图4.15　梁配筋图

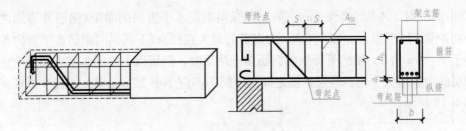

▲图 4.16 梁中钢筋类型

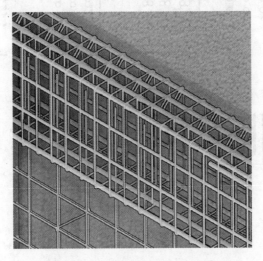

▲图 4.17 梁中钢筋三维示意图

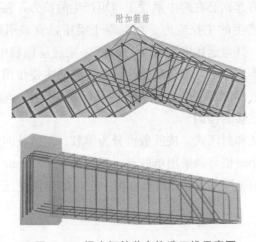

▲图 4.18 梁中钢筋节点构造三维示意图

(1)纵向受力钢筋。纵向受力钢筋一般设置在梁的受拉一侧，用以承受弯矩在梁内产生的拉力。当梁受到的弯矩较大且梁截面有限时，可在梁的受压区布置受压钢筋，与混凝土共同承担压力，即为双筋梁。纵向受力钢筋的面积通过计算确定并应符合相关构造要求。钢筋混凝土梁纵向受力钢筋的直径，当梁高 $h \geqslant 300$ mm 时，不应小于 10 mm；当梁

高 $h<300$ mm 时，不应小于 8 mm。梁上部纵向钢筋水平方向的净距（钢筋外边缘之间的最小距离）不应小于 30 mm 和 $1.5d$（d 为钢筋的最大直径）；下部纵向钢筋水平方向的净距不应小于 25 mm 和 d。梁的下部纵向钢筋多于两层时，两层以上钢筋水平方向的中距应比下面两层的中距增大一倍。各层钢筋之间的净间距不应小于 25 mm 和 d。梁中纵筋间距要求如图 4.19 所示。

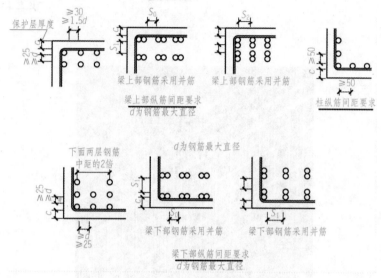

▲图 4.19　梁中纵筋间距要求

（2）箍筋的构造要求。箍筋的作用是承受梁的剪力、固定纵向受力钢筋，并与其他钢筋一起形成钢筋骨架。弯起钢筋在跨中承受正弯矩产生的拉力，在靠近支座的弯起段则用来承受弯矩和剪力共同产生的主拉应力。在混凝土梁中，宜采用箍筋作为承受剪力的钢筋。当采用弯起钢筋时，其弯起角度宜取 45°或 60°，梁底层钢筋中的角部钢筋不应弯起，顶层钢筋中的角部钢筋不应弯下。箍筋是受拉钢筋，它的主要作用是使被斜裂缝分割的混凝土梁体能够传递剪力并抑制斜裂缝的开展。因此，在设计中，箍筋必须有合理的形式、直径和间距，同时应有足够的锚固。

箍筋的形式有开口式和封闭式。按肢数可分为单肢、双肢及四肢等（图 4.20）。梁中常采用双肢箍；当梁宽很小时也可以采用单肢箍；梁宽大于 400 mm 且在一层内纵向受压钢筋多于 3 根时，或当梁的宽度不大于 400 mm 但一层内的纵向受压钢筋多于 4 根时，应设置复合箍筋。

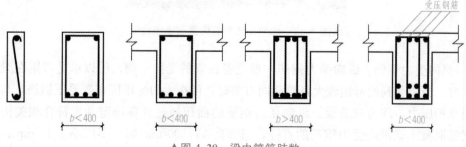

▲图 4.20　梁中箍筋肢数

按计算不需要箍筋的梁，当梁截面高度 $h>300$ mm 时，应沿梁全长设置箍筋；当截面高度 h 为 $150\sim300$ mm 时，可仅在构件端部各 1/4 跨度范围内设置箍筋；但当构件中部 1/2 跨度范围内有集中荷载作用时，则应沿梁全长设置箍筋；当截面高度 $h<150$ mm 时，可不设箍筋。

箍筋末端应做 135°弯钩，弯钩平直部分的长度 e，一般不应小于箍筋直径的 5 倍；对有抗震要求的结构不应小于箍筋直径的 10 倍或 75 mm。

（3）架立筋。架立筋设置在梁受压区的角部，与纵向受力钢筋平行。其作用是固定箍筋的正确位置，与纵向受力钢筋构成骨架，并承受温度变化、混凝土收缩而产生的拉应力，以防止产生裂缝。当梁中受压区设有受压钢筋时，则不再设架立筋。

（4）梁侧面构造钢筋如图 4.21 所示。

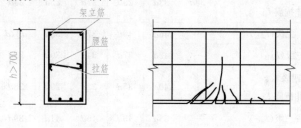

▲图 4.21　梁侧面构造钢筋配置

（5）弯起钢筋的构造要求。在混凝土梁中，宜采用箍筋作为承受剪力的钢筋。当采用弯起钢筋时，其弯起角度宜取 45°或 60°；在弯起钢筋的弯终点外应留有平行于梁轴线方向的锚固长度，在受拉区不应小于 $20d$，在受压区不应小于 $10d$，此处，d 为弯起钢筋的直径；梁底层钢筋中的角部钢筋不应弯起，顶层钢筋中的角部钢筋不应弯下。

3. 钢筋的锚固

钢筋的锚固当纵向受拉钢筋末端采用弯钩或机械锚固措施时，包括弯钩或锚固端头在内的锚固长度（投影长度）可取为基本锚固长度 l_{ab} 的 60%。弯钩和机械锚固的形式和技术要求应符合表 4.4、表 4.5 的规定。

▼表 4.4　钢筋锚固技术要求

锚固形式	技术要求
90°弯钩	末端 90°弯钩，弯钩内径 $4d$，弯后直段长度 $12d$
135°弯钩	末端 135°弯钩，弯钩内径 $4d$，弯后直段长度 $5d$
一侧贴焊锚筋	末端一侧贴焊长 $5d$ 同直径钢筋
两侧贴焊锚筋	末端两侧贴焊长 $3d$ 同直径钢筋
焊端锚板	末端与厚度 d 的锚板穿孔塞焊
螺栓锚头	末端嵌入螺栓锚头

▼表 4.5 受拉钢筋基本锚固长度

钢筋种类	抗震等级	混凝土强度等级								
		C20	C25	C30	C35	C40	C45	C50	C55	≥C60
HPB300	一、二级(l_{abE})	45d	39d	35d	32d	29d	28d	26d	25d	24d
	三级(l_{abE})	41d	36d	32d	29d	26d	25d	24d	23d	22d
	四级 l_{abE} 非抗震 l_{ab}	39d	34d	30d	28d	25d	24d	23d	22d	21d
HRB335 HRBF335	一、二级(l_{abE})	44d	38d	33d	31d	29d	26d	25d	24d	24d
	三级(l_{abE})	40d	35d	31d	28d	26d	24d	23d	22d	22d
	四级 l_{abE} 非抗震 l_{ab}	38d	33d	29d	27d	25d	23d	22d	21d	21d
HRB400 HRBF400 RRB400	一、二级(l_{abE})	—	46d	40d	37d	33d	d32d	31d	30d	29d
	三级(l_{abE})		42d	37d	34d	30d	29d	28d	27d	26d
	四级 l_{abE} 非抗震 l_{ab}		40d	35d	32d	29d	28d	27d	26d	25d
HRB500 HRBF500	一、二级(l_{abE})		55d	49d	45d	41d	39d	37d	36d	35d
	三级(l_{abE})		50d	45d	41d	38d	36d	34d	33d	32d
	四级 l_{abE} 非抗震 l_{ab}	—	48d	43d	39d	36d	34d	32d	31d	30d

混凝土结构中的纵向受压钢筋，当计算中充分利用纵向钢筋的抗压强度时，其锚固长度不应小于相应受拉锚固长度的 70%。

伸入梁支座范围内的纵向受力钢筋根数，当梁宽不小于 100mm 时，不宜少于两根；当梁宽小于 100 mm 时，可为一根。

钢筋混凝土简支梁和连续梁简支端，应符合以下要求：

(1)下部纵向受力钢筋伸入梁支座范围内的锚固长度 l_a 应符合下列规定：当 $V \leqslant 0.7 f_t b h_0$ 时，$l_a \geqslant 5d$；当 $V > 0.7 f_t b h_0$ 时，对带肋钢筋 $l_a \geqslant 12d$，对光面钢筋 $l_a \geqslant 15d$。

(2)如纵向受力钢筋伸入梁支座范围内的锚固长度不符合上述要求时，应采取在钢筋上加焊锚固钢板或将钢筋端部焊接在梁端及预埋件上等有效锚固措施。

(3)支承在砌体结构上的钢筋混凝土独立梁，在纵向受力钢筋的锚固长度 l_a 范围内应配置不少于两个箍筋，其直径不宜小于纵向受力钢筋最大直径的 0.25 倍，间距不宜大于纵向受力钢筋最小直径的 10 倍；当采取机械锚固措施时，箍筋间距尚不宜大于纵向受力钢筋最小直径的 5 倍。

(4)对混凝土强度等级为 C25 及以下的简支梁和连续梁的简支端，当距支座边 $1.5h_0$ 范围内作用有集中荷载，且 $V > 0.7 f_t b h_0$ 时，对带肋钢筋宜采取附加锚固措施，或取锚固长度 $l_a \geqslant 15d$。

连续梁在梁柱节点的钢筋连接与锚固详见图 4.22、图 4.23，对于变截面梁，其高差点处钢筋构造见图 4.24。

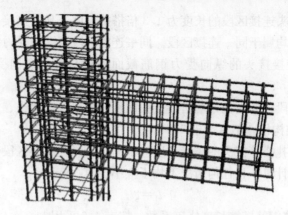

▲图 4.22　边柱与梁节点钢筋示意图

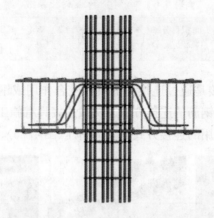

▲图 4.23　中柱与梁节点钢筋示意图

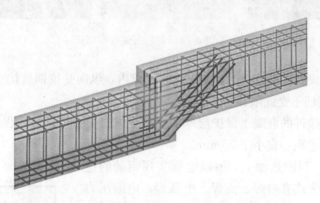

▲图 4.24　梁顶梁底有高差节点钢筋构造三维示意图

4. 钢筋的搭接

钢筋的连接可分为两类：绑扎搭接和机械连接或焊接。受力钢筋的接头宜设置在受力较小处。在同一根钢筋上宜少设接头。

（1）绑扎搭接。同构件中相邻纵向受力钢筋的绑扎搭接接头宜相互错开。

钢筋绑扎搭接接头连接区段的长度为 1.3 倍搭接长度，凡搭接接头中点位于该连接区段长度内的搭接接头均属于同一连接区段。同一连接区段内纵向受力钢筋搭接接头面积百分率为该区段内有搭接接头的纵向受力钢筋截面面积与全部纵向受力钢筋截面面积的比值。

位于同一连接区段内的受拉钢筋搭接接头面积百分率：对梁类、板类及墙类构件，不宜大于 25%；对柱类构件，不宜大于 50%。

纵向受拉钢筋绑扎搭接接头的搭接长度应根据位于同一连接区段内的钢筋搭接接头面积百分率按下列公式计算，且任何情况下均不应小于 300 mm。

$$l_1 = \zeta l_a$$

式中　ζ——纵向受拉钢筋搭接长度修正系数，按表 4.6 采用。

▼表 4.6　钢筋搭接长度修正系数

纵向钢筋搭接接头面积百分率(%)	≤25	50	100
ζ	1.2	1.4	1.6

（2）机械连接。机械连接是通过连接件的机械咬合作用或钢筋端面的承压作用，将一根钢筋中的力传递至另一根钢筋的连接方法。机械连接具有施工简便、接头质量可靠、节约钢材和能源等优点。常采用的连接方式有套筒挤压（图 4.25）、直螺纹连接等。

▲图 4.25　钢筋的机械连接和焊接

在受力较大处设置机械连接时，同一连接区段内，纵向受拉钢筋接头面积百分率不宜大于 50%，受压钢筋不受此限。

机械连接中连接件的混凝土保护层厚度宜满足纵向受力钢筋最小保护层厚度的要求。连接件之间的横向净距不宜小于 25 mm。

（3）焊接连接。利用热加工，熔融金属实现钢筋的连接。常采用的连接方式有对焊、点焊、电弧焊、电渣压力焊等。

（4）混凝土保护层。混凝土保护层是指钢筋的外边缘到混凝土表面的距离，其作用是为了防止钢筋锈蚀和保证钢筋与混凝土的黏结。混凝土保护层如图 4.26 所示。

纵向受力钢筋的保护层最小厚度与钢筋直径、环境类别、构件种类和混凝土强度等级因素有关，可按表 4.7 确

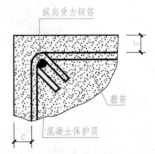

▲图 4.26　混凝土保护层示意图

定，且不小于受力钢筋的直径。混凝土结构的环境类别见表 4.8。

▼表 4.7　混凝土保护层的最小厚度　　　　　　　　　　　　　　　　mm

环境类别	板、墙、壳	梁、柱、杆
一	15	20
二 a	20	25
二 b	25	35
三 a	30	40
三 b	40	50

注：1. 混凝土强度等级不大于 C25 时，表中保护层厚度数值应增加 5 mm；
　　2. 钢筋混凝土基础宜设置混凝土垫层，基础中钢筋的混凝土保护层厚度应从垫层顶面算起，且不应小于
　　　 40 mm

▼表 4.8　混凝土结构的环境类别

环境类别	条　件
一	室内干燥环境； 无侵蚀性静水浸没环境
二 a	室内潮湿环境； 非严寒和非寒冷地区的露天环境； 非严寒和非寒冷地区与无侵蚀性的水或土壤直接接触的环境； 严寒和寒冷地区的冰冻线以下与无侵蚀性的水或土壤直接接触的环境
二 b	干湿交替环境； 水位频繁变动环境； 严寒和寒冷地区冰冻线以上与无侵蚀性的水或土壤直接接触的环境
三 a	严寒和寒冷地区冬季水位变动环境； 受除冰盐影响环境； 海风环境
三 b	盐渍土环境； 受除冰盐作用环境； 海岸环境
四	海水环境
五	受人为或自然的侵蚀性物质影响的环境

注：1. 室内潮湿环境是指构件表面经常处于结露或湿润状态的环境；
　　2. 严寒和寒冷地区的划分应符合现行国家标准《民用建筑热工设计规范》(GB 50176—1993)的有关规定；
　　3. 海岸环境和海风环境宜根据当地情况，考虑主导风向及结构所处迎风、背风部位等因素的影响，由调查研
　　　 究和工程经验确定；
　　4. 受除冰盐影响环境是指受到除冰盐盐雾影响的环境，受除冰盐作用环境是指被除冰盐溶液溅射的环境以及
　　　 除冰盐地区使用的洗车房、停车楼等建筑；
　　5. 暴露的环境是指混凝土结构表面所处的环境

梁、柱中箍筋和构造钢筋的保护层厚度不应小于 15 mm。当梁、柱中纵向受力钢筋的混凝土保护层厚度大于 400 mm 时，应对保护层采取有效的防裂构造措施。如图 4.27 所示。

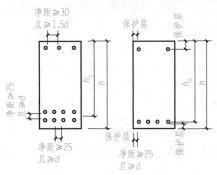

▲图 4.27 梁中保护层和纵筋净距

二、板

钢筋混凝土板配筋如图 4.28 所示，现浇板及板筋三维示意图如图 4.29 所示。

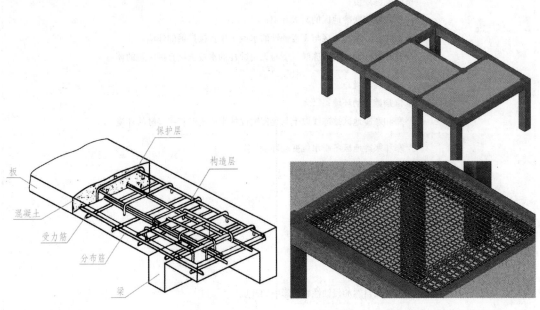

▲图 4.28 钢筋混凝土板配筋图　　　　▲图 4.29 现浇板及板筋三维示意图

（1）板的截面形式与尺寸。现浇板的截面一般为实心矩形；预制板的截面一般为空心矩形。

板的厚度要满足承载力、刚度和抗裂（或裂缝宽度）以及构造的要求。

工程中现浇板的常用厚度有 80 mm、90 mm、100 mm、110 mm、120 mm、…。板厚以 10 mm 的模数递增；当板厚增至 250 mm 以上时，以 50mm 的模数递增。

（2）板中钢筋。板的抗剪能力较大，故板中钢筋通常配置纵向受力钢筋、分布钢筋、构造钢筋，如图4.30、图4.31所示。

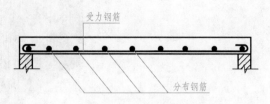

▲图4.30 简支板配筋图

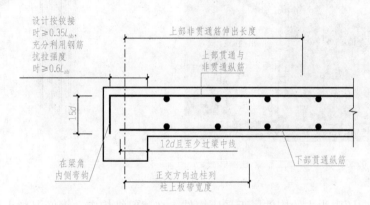

▲图4.31 板中钢筋锚固构造要求

受力钢筋的作用是承受板中弯矩引起的正应力，直径一般为6～12 mm，直径一般不多于两种（选用不同直径钢筋时，直径差应大于2 mm）。板厚$h \leqslant 150$ mm时，板中钢筋间距不宜大于200 mm；板厚$h > 150$ mm时，板中受力钢筋间距不宜大于$1.5h$，且不宜大于250 mm。

当按单向板设计时，除沿受力方向布置受力钢筋外，还应在垂直受力方向布置分布钢筋。双向板中两个方向均为受力钢筋时，受力钢筋兼作分布钢筋。分布钢筋的作用是固定受力钢筋的位置，将荷载均匀地传递给受力钢筋，还可抵抗混凝土收缩、温度变化所引起的附加应力。故分布钢筋应放置在受力钢筋的内侧，以使受力钢筋有效高度尽可能大。单位长度上分布钢筋的截面面积不宜小于单位宽度上受力钢筋截面面积的15%，且不宜小于该方向板截面面积的0.15%；分布钢筋的间距不宜大于250 mm，直径不宜小于6mm；对集中荷载较大的情况，分布钢筋的截面面积应适当增加，其间距不宜大于200 mm。当有实践经验或可靠措施时，预制单向板的分布钢筋可不受此限制。

对于支承结构整体浇筑或嵌固在承重砌体墙内的现浇混凝土板，应沿支承周边配置上部构造钢筋，其直径不宜小于8 mm，间距不宜大于200 mm，其截面面积与钢筋自梁边或墙边伸入板内的长度应符合相关规定。

三、钢筋混凝土柱

钢筋混凝土柱、柱模和柱筋如图4.32所示，柱中纵筋三维示意图如图4.33所示。

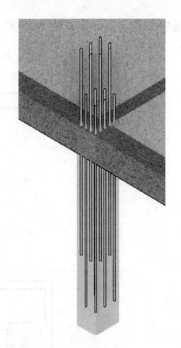

▲图 4.32 钢筋混凝土柱、柱模和柱筋　　　▲图 4.33 柱中纵筋三维示意图

承受以轴向压力为主的构件属于受压构件。在建筑结构中，钢筋混凝土受压构件的应用十分广泛。柱是最具有代表性的受压构件，钢筋混凝土受压柱按配置的箍筋形式不同，可分为两种类型，即配有纵筋和普通箍筋的柱及配有纵筋和螺旋箍筋的柱。

配有纵筋和普通箍筋的柱是工程中最常见的一种形式。其截面一般为方形、矩形或圆形。纵筋的作用是帮助混凝土承担压力，同时还承担由于荷载的偏心而引起的弯矩。箍筋的作用是与纵筋形成空间骨架，防止纵筋向外压屈，且对核心部分的混凝土起到约束作用。

1. 材料的强度等级

混凝土强度等级对受压构件的承载能力影响较大。为了减小构件的截面尺寸，节省钢材，宜采用较高强度等级的混凝土。一般柱中采用 C25 及以上等级的混凝土，对于高层建筑的底层柱，必要时可采用高强度等级的混凝土。

受压钢筋不宜采用高强度钢筋，一般采用 HRB335 级、HRB400 级和 HRB400 级；箍筋一般采用 HPB300 级、HRB335 级钢筋。

2. 截面的形式和尺寸

柱截面一般采用方形或矩形，因其构造简单，施工方便，特殊情况下也可采用圆形或多边形等。柱截面的尺寸主要根据内力的大小、构件的长度及构造要求等条件确定。为了避免构件长细比过大，承载力降低过多，柱截面尺寸不宜过小，一般现浇钢筋混凝土柱截面尺寸不宜小于 250 mm×250 mm，I 形截面柱的翼缘厚度不宜小于 120 mm，腹板厚度不宜小于 100 mm。此外，为了施工支模方便，柱截面尺寸宜使用整数，800 mm 及以下的截面宜以 50 mm 为模数，800 mm 以上的截面宜以 100 mm 为模数。柱截面形状如图 4.34 所示。

▲图 4.34 柱截面形状

🔍 3. 纵向钢筋

纵向钢筋的直径不宜小于 12 mm，通常在 12～32 mm 范围内选用。钢筋应沿截面的四周均匀对称地放置，根数不得少于 4 根，圆柱中的纵向钢筋根数不宜少于 8 根。为了减少钢筋在施工时可能产生的纵向弯曲，宜采用较粗的钢筋。柱内纵筋的混凝土保护层厚度必须符合规范要求且不应小于纵筋直径，纵筋净距不应小于 50 mm，对水平位置上浇筑的预制柱，其纵筋最小净距与梁相同。在偏心受压柱中垂直于弯矩作用平面的侧面上的纵向受力钢筋以及轴心受压柱中各边的纵向受力钢筋，其中距不宜大于 300 mm。

当偏心受压柱的截面高度 $h \geqslant 600$ mm 时，在柱的侧面上应设置直径为 10～16 mm 的纵向构造钢筋，并相应设置复合箍筋或拉筋。

🔍 4. 箍筋

箍筋不但可以防止纵向钢筋压屈，而且在施工时起固定纵向钢筋位置的作用，还对混凝土受压后的侧向膨胀起约束作用，因此，柱中箍筋应做成封闭式。

箍筋间距不应大于 400 mm 及构件截面的短边尺寸，且不应大于 $15d$（d 为纵向受力钢筋的最小直径）。

箍筋直径当采用热轧钢筋时，不应小于 $d/4$（d 为纵筋的最大直径），且不应小于 6 mm。当柱中全部纵向受力钢筋的配筋率超过 3％时，箍筋直径不宜小于 8 mm，且应焊成封闭环式，其间距不应大于 $10d$（d 为纵向受力钢筋的最小直径），且不应大于 200 mm。

箍筋形式根据截面形式、尺寸及纵向钢筋根数确定。当柱的截面短边不大于 400 mm 且每边的纵筋不多于 4 根时，可采用单个箍筋；当柱的截面短边大于 400 mm 且每边的纵筋多于 3 根时，或当柱截面的短边不大于 400 mm 但各边纵筋多于 4 根时，应设置复合箍筋，如图 4.35 所示。

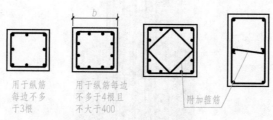

用于纵筋每边不多于3根
用于纵筋每边不多于4根且不大于400
附加箍筋

▲图 4.35 复合箍筋

其他截面形式柱的箍筋如图 4.36 所示，但不允许采用有内折角的箍筋，避免产生外拉力，使折角处混凝土破坏。

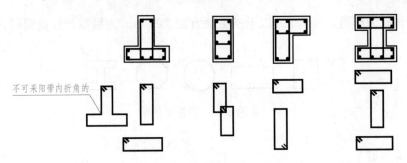

▲图 4.36 特殊截面柱箍筋图

5. 柱中钢筋的搭接

在多层房屋中，柱内纵筋接头位置一般设在各层楼面处，通常是将下层柱的纵筋伸出楼面一段长度 l_l，以备与上层柱的纵筋搭接。不加焊的受拉钢筋搭接长度 l_l 不应小于 $1.2l_a$，且不应小于 300 mm；受压钢筋的搭接长度 l_l 不应小于 $0.7l_a$，且不应小于 200 mm，如图 4.37 所示。柱变截面钢筋构造三维示意图如图 4.38 所示。柱顶钢筋构造三维示意图如图 4.39 所示。

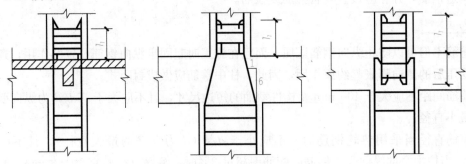

▲图 4.37 柱中纵筋连接

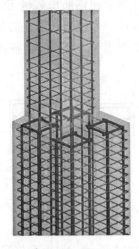

▲图 4.38 柱变截面钢筋构造三维示意图

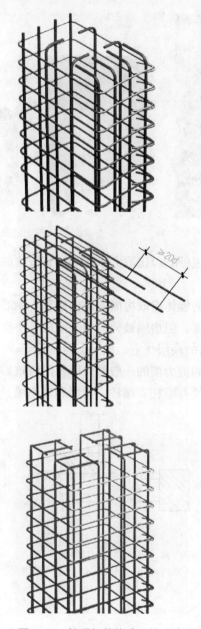

▲图 4.39　柱顶钢筋构造三维示意图

四、剪力墙

1. 剪力墙

剪力墙如图 4.40 所示。剪力墙及墙筋三维示意图如图 4.41 所示。

▲图 4.40 剪力墙

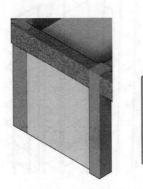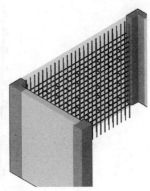

▲图 4.41 剪力墙及墙筋三维示意图

竖向构件截面长边、短边(厚度)比值大于 4 时,宜按墙的要求进行设计,可采用焊接钢筋网片进行墙内配筋。

剪力墙是由钢筋混凝土的墙体组成房屋的结构体系。钢筋混凝土墙体承受竖向荷载和水平荷载,有很大的抗侧刚度。但房屋被剪力墙分割成较小空间,不适用于需大空间的建筑物。主要应用于 15~50 层的高层住宅、旅馆、写字楼等。

一、二、三级抗震等级的剪力墙的一般部位以及四级抗震等级剪力墙,均应设置构造边缘构件。剪力墙的边缘构件有暗柱、端柱、翼墙和转角墙。如图 4.42 所示。

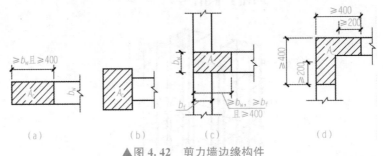

(a)   (b)   (c)   (d)

▲图 4.42 剪力墙边缘构件

(a)暗柱;(b)端柱;(c)翼墙;(d)转角墙

剪力墙边缘构件及其钢筋三维示意图如图 4.43 所示,剪力墙四排钢筋构造三维示意图如图 4.44 所示。

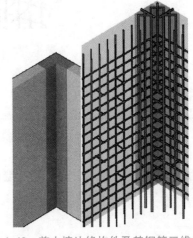

▲图 4.43 剪力墙边缘构件及其钢筋三维示意图

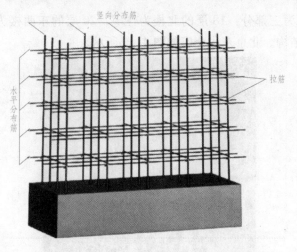

▲图 4.44　剪力墙四排钢筋构造三维示意图

2. 墙中配筋构造

(1)一般厚度大于 160 mm 的墙应配置双排分布钢筋网；结构中重要部位的剪力墙当其厚度不大于 160 mm 时，也宜配置双排分布钢筋网。双排分布钢筋网应沿墙的两个侧面布置，且应采用拉筋连系；拉筋直径不宜小于 6 mm，间距不宜大于 600 mm。

(2)墙竖向分布钢筋可在同一高度搭接，搭接长度不应小于 $1.2l_a$。

(3)墙水平分布钢筋的搭接长度不应小于 $1.2l_a$。同排水平分布钢筋的搭接接头之间以及上、下相邻水平分布钢筋的搭接接头之间，沿水平方向的净间距不宜小于 500 mm。

(4)墙中水平分布钢筋应伸至墙端，并向内水平弯折 10d，d 为钢筋直径。

(5)端部有翼墙或转角的墙，内墙两侧和外墙内侧的水平分布钢筋应伸至翼墙或转角外边，并分别向两侧水平弯折 15d。在转角墙处，外墙外侧的水平分布钢筋应在墙端外角处弯入翼墙，并与翼墙外侧的水平分布钢筋搭接。如图 4.45 所示。

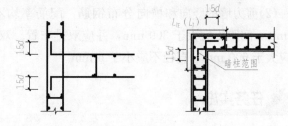

▲图 4.45　翼墙和转角墙的水平分布钢筋锚固

(6)带边框的墙，水平和竖向分布钢筋宜分别贯穿柱、梁或锚固在柱、梁内。

(7)剪力墙墙肢两端应配置竖向受力钢筋，每端的竖向受力钢筋不宜少于 4 根直径为 12 mm 或 2 根直径为 16 mm 的钢筋，并宜沿该竖向钢筋方向配置直径不小于 6 mm、间距为 20 mm 的箍筋或拉筋。

北京东华金座项目，位于北京市宣武区①牛街，由华尔森集团开发建设，总建筑面积约为 10 万平方米，建筑高度 73.84 m，地上 20 层、地下 3 层。东华金座集商业、娱乐、居住功能为一体，地下室为人防工程及车库，裙房 12 层为商场、餐厅，裙房 3 层为会所。

---

① 宣武区：今为西城区。

4层以上主体建筑分为三部分：18层的北楼为住宅，20层的东西楼为酒店式公寓。结构形式为框架-剪力墙结构。北京东华金座如图4.46所示。

▲图4.46 北京东华金座

3. 框架-剪力墙结构

框架-剪力墙结构由若干框架和局部剪力墙组成。

特点：竖向荷载主要由框架承担，水平荷载主要由剪力墙承担。兼有框架体系和剪力墙体系的优点。应用于15~30层的办公楼、公寓、旅馆等。

(1)剪力墙周边应设置梁(或暗梁)和端柱组成的边框；端柱截面宜与同层框架柱相同，并应满足框架柱的要求；墙底部加强部位的端柱和紧靠墙洞口的端柱，宜按柱箍筋加密区的要求沿全高加密箍筋。

(2)剪力墙的竖向和横向分布钢筋，配筋率均不应小于0.25%，钢筋直径不宜小于10 mm，间距不宜大于300 mm，并应双排布置。双排分布钢筋间应设置拉筋，拉筋间距不应大于600 mm，直径不应小于6 mm。

任务实施

参观校内框架结构实训室，认识板、梁、柱等构件，识读简单的构件施工图。

任务考核

▼ 框架结构主体施工图识读 实训报告

班级：_____　　　　组别：_____　　　　姓名：_____

序　号	构件编号	混凝土等级	截面尺寸	钢筋配筋

✖ 复习思考

1. 框架结构的优缺点是什么？
2. 框架-剪力墙结构为什么被广泛采用？

任务 4 认识其他新型材料

🔍 导　读

因为混凝土的抗拉能力很低，加入钢筋可提高构件的承载力，但构件的抗裂性依然很差，尤其一些大跨构件，其裂缝同样会影响构件正常使用。为了提高构件抗裂性，通常会采取预应力工艺。生活中预应力的应用也很广泛。如：

自行车——辐条和钢圈，辐条细，易压屈，受拉钢圈截面较大，可受压，旋紧辐条，使辐条预先受拉，在受力时不会产生压屈。

桶箍——铁箍使木板预受压，在使用中受到水的张力，受拉。

木锯——锯条受压会发生压屈，但锯条的受拉性能好，拧紧拉绳使锯条受拉，不易产生压屈。

🔍 任务引入

认识预应力钢筋混凝土，寻找当地预应力混凝土工艺建筑，分析其组成材料及施工工艺，撰写调研分析报告。

✖ 相关知识

◎ 一、预应力混凝土结构原理

预应力混凝土结构，是在钢筋混凝土结构的基础上产生和发展而来的一种新工艺结构，它是由配置受力的预应力钢筋通过张拉或其他方式建立预加应力的混凝土制成的结构。这种结构具有抗裂性能好、变形小、能充分发挥高强混凝土和高强度钢筋性能的特点，在一些较大跨度的结构中有较广泛的应用。预应力混凝土工艺基本原理如图 4.47 所示。

预应力混凝土结构就是构件在承受外荷载之前，人为地预先通过张拉钢筋对结构使用阶段产生拉应力的混凝土区域施加压力，构件承受外荷载后，此项预压应力将抵消一部分或全部由外荷载所引起的拉应力；从而推迟裂缝的出现和限制裂缝的开展。

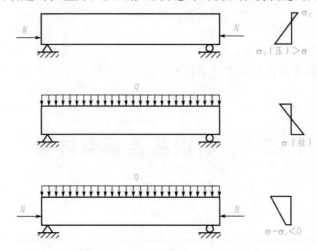

▲图 4.47 预应力混凝土工艺基本原理

预应力混凝土结构与普通混凝土结构相比，其主要优点如下：

(1)提高构件的抗裂度，改善了构件的受力性能。因此，预应力混凝土结构适用于对裂缝要求严格的结构。

(2)由于采用了高强度混凝土和钢筋，从而节省材料和减轻结构自重。因此，预应力混凝土结构适用于跨度大或承受重型荷载的构件。

(3)提高了构件的刚度，减少构件的变形。因此，预应力混凝土结构适用于对构件的刚度和变形控制较高的结构构件。

(4)提高了结构或构件的耐久性、耐疲劳性和抗震能力。

预应力混凝土结构的缺点是需要增设施加预应力的设备，制作技术要求较高，施工周期较长。

二、预应力混凝土构件的分类

按照使用荷载下对截面拉应力控制要求的不同，预应力混凝土结构构件可分为以下三种：

(1)全预应力混凝土。全预应力混凝土是指在各种荷载组合下构件截面上均不允许出现拉应力的预应力混凝土构件。相当于裂缝控制等级为一级的构件。

(2)有限预应力混凝土。有限预应力混凝土是按在短期荷载作用下，容许混凝土承受某一规定拉应力值，但在长期荷载作用下，混凝土不得受拉的要求设计。相当于裂缝控制等级为二级的构件。

(3)部分预应力混凝土。部分预应力混凝土是按在使用荷载作用下，容许出现裂缝，但最大裂宽不超过允许值的要求设计。相当于裂缝控制等级为三级的构件。

全预应力混凝土构件具有抗裂性和抗疲劳性好、刚度大等优点，但也存在构件反拱值过大，延性差，预应力钢筋配筋量大，施加预应力工艺复杂、费用高等缺点。因此，适当降低预应力，做成有限或部分预应力混凝土构件，既克服了上述全预应力的缺点，同时又可以用预应力改善钢筋混凝土构件的受力性能。

有限或部分预应力混凝土介于全预应力混凝土和钢筋混凝土之间，有很大的选择范围，设计者可根据结构的功能要求和环境条件，选用不同的预应力值以控制构件在使用条件下的变形和裂缝，并在破坏前具有必要的延性，因而是当前预应力混凝土结构的一个主要发展趋势。

三、施加预应力的方法

(1)先张法。先张法是张拉钢筋先于混凝土构件浇筑成型的方法。在先张法构件中，预应力是靠钢筋和混凝土之间的黏结力传递。但是这种力的传递过程，需要经过一段传递长度 l_{tr} 才能完成。先张法施工工艺如图4.48所示。

(2)后张法。后张法是在构件浇筑成型后再张拉钢筋的施工方法。在后张法构件中，预应力主要靠钢筋端部的锚具来传递。后张法施工工艺如图4.49所示。

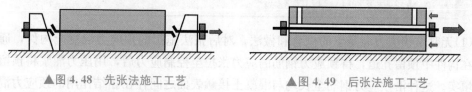

▲图4.48　先张法施工工艺　　　　▲图4.49　后张法施工工艺

四、预应力混凝土结构对材料的要求

(1)预应力混凝土结构对钢筋的要求。

1)高强度。预应力混凝土构件在制作和使用过程中，由于种种原因，会出现各种预应力损失，为了在扣除预应力损失后，仍然能使混凝土建立起较高的预应力值，需采用较高的张拉应力，因此，预应力钢筋必须采用高强钢筋(丝)。

2)具有一定的塑性。为防止发生脆性破坏，要求预应方钢筋在拉断时，具有一定的伸长率。

3)良好的加工性能。即要求钢筋有良好的可焊性，以及钢筋"镦粗"后并不影响原来的物理性能。

4)与混凝土之间有较好的黏结强度。先张法构件的预应力传递是靠钢筋和混凝土之间的黏结力完成的，因此，需要有足够的黏结强度。

(2)预应力混凝土结构对混凝土的要求。

1)强度高。预应力混凝土只有采用较高强度的混凝土，才能建立起较高的预压应力，并可减少构件截面尺寸，减轻结构自重。对先张法构件，采用较高强度的混凝土可以提高黏结强度；对后张法构件，则可承受构件端部强大的预压力。

2)收缩、徐变小。这样可以减少由于收缩、徐变引起的预应力损失。

3)快硬、早强。这样可以尽早施加预应力,加快台座、锚具、夹具的周转率,以利加快施工进度,降低间接费用。

(3)孔道灌浆材料。孔道灌浆材料为纯水泥浆,有时也加细砂,宜采用强度等级不低于42.5级的普通硅酸盐水泥或矿渣硅酸盐水泥。

预应力混凝土构件与钢筋混凝土构件相比较:

1)预应力混凝土构件与普通钢筋混凝土构件在施工阶段,二者钢筋和混凝土两种材料所处的应力状态不同,普通钢筋混凝土构件中,钢筋和混凝土均处于零应力状态,而预应力混凝土构件中,钢筋和混凝土均有初应力,其中钢筋处于拉应力状态,混凝土处于受压状态,一旦预压应力被抵消,预应力混凝土和普通钢筋混凝土之间没有本质的不同。

2)预应力混凝土构件出现裂缝比普通钢筋混凝土构件迟得多,但裂缝出现的荷载与破坏荷载比较接近。

3)预应力混凝土构件与条件相同的未加预应力的钢筋混凝土构件承载能力相同,故预加应力能推迟裂缝出现,但不能提高承载能力。

五、无黏结预应力混凝土

(1)无黏结预应力混凝土的概念和做法。对后张法施工的预应力混凝土构件,通常做法是在构件中预留孔道,待预应力钢筋的应力张拉至控制应力后,用压力灌浆将预留孔道孔隙填实。这种沿预应力钢筋全长均与混凝土接触表面之间存在黏结作用的预应力混凝土叫做有黏结预应力混凝土。如果预应力钢筋沿其全长与混凝土接触表面之间不存在黏结作用,两者产生相对滑移,这种预应力混凝土称为无黏结预应力混凝土,其中的预应力筋称为无黏结预应力筋。

无黏结预应力筋的做法:将预应力筋的外表面涂以沥青、油脂或其他润滑防锈材料,以减小摩擦力防止锈蚀,然后用纸或塑料全裹或套以塑料管,以防止在施工过程中碰坏涂料层,并使预应力筋与混凝土隔离,最后将预应力筋按配置的位置放入构件模板中并浇捣混凝土,待混凝土达到规定强度后即可进行张拉。但应注意,预应力筋外面的涂料应具有防腐蚀性能,并要求在预期使用温度范围内不致开裂发脆,也不致液化流淌,并具有化学稳定性。

(2)无黏结预应力混凝土的受力性能及特点。

1)无黏结预应力混凝土的受力性能。

①无黏结预应力筋与混凝土之间能发生纵向的相对滑动,而有黏结预应力筋则不能。

②无黏结预应力筋中的应力沿构件长度在忽略摩擦力的情况下,可认为是相等的,而有黏结预应力筋的应力沿构件长度是变化的。

③无黏结预应力筋的应变增量等于沿无黏结预应力筋全长与周围混凝土应变变化的平均值。

试验表明,结构设计时,为了综合考虑对其结构性能的要求,必须配置一定数量的有黏结非预应力钢筋,即无黏结预应力钢筋更适合于采用混合配筋的部分预应力混凝土。

2)无黏结预应力混凝土的特点。

①无黏结预应力混凝土施工时，采用的无黏结预应力筋不需留孔、穿筋和灌浆，只要将它如同普通钢筋一样放入模板内即可浇筑混凝土，大大简化了施工工艺。

②无黏结预应力筋可在工厂制作，可大大减少现场施工工序，且张拉时，张拉工序简单，施工非常方便，从而使后张预应力混凝土易于推广应用。

③无黏结预应力混凝土构件的开裂荷载相对较低，裂缝疏而宽，挠度较大，需设置一定数量的非预应力筋以改善构件的受力性能。

④无黏结预应力筋对锚具的质量及防腐蚀要求较高，在工程中主要用于预应力筋分散配置、锚具区易于封口处理(用混凝土或环氧树脂水泥浆封口，防止潮气入侵)的结构构件。

(3)无黏结预应力混凝土的应用。无黏结预应力混凝土现浇平板结构是近年来迅速发展起来的一种新型楼盖体系，该体系整体性能好，可降低层高。预应力混凝土结构是当今世界上很有发展潜力的结构之一，随着我国建设事业的蓬勃发展，必将推动和促进预应力混凝土材料、工艺设备及新结构体系等方面的更大发展。

🔧 任务实施

1. 分组，分工到人。

2. 了解当地预应力混凝土房屋建筑。

3. 查找建筑档案资料，了解其预应力混凝土工艺构件的位置、截面尺寸、钢筋配置和预应力施工工艺。

4. 拍摄工程图片，撰写调研报告。

🔧 任务考核

1. 调研报告要求图文并茂。

2. 小组代表展示调研报告。

🔧 复习思考

1. 简述预应力混凝土结构的基本原理。

2. 简述预应力混凝土的类型和施工方法。

框架结构施工图识读

项目概述

　　框架结构是指由梁和柱以刚接或者铰接相连接而成，构成承重体系的结构，即由梁和柱组成框架共同抵抗使用过程中出现的水平荷载和竖向荷载，如图 5.1 所示。结构的房屋墙体不承重，仅起到围护和分隔作用，一般用预制的加气混凝土、膨胀珍珠岩、空心砖或多孔砖、浮石、蛭石、陶粒等轻质板材等材料砌筑或装配而成。

　　结构施工图是关于承重构件的布置、使用的材料、形状、大小及内部构造的工程图样，是承重构件以及其他受力构件施工的依据。

　　优点: 将结构构件的尺寸和配筋按照平面整体表示方法制图规则，整体直接表达在结构平面布置图上，再与标准构造详图配合，构成一套新型完整的结构设计图纸。改变了传统的将各个构件从结构平面图中索引出来，再逐个绘制配筋详图的烦琐方法，减少了设计图纸的数量，且便于设计修改。

　　缺点: 没有传统施工图直观，施工翻样的工作量大大增加，对施工企业提出了更高的要求。

　　目标: 本项目的任务是带领学生学习 11G101 图集中的基本知识，从而能够运用所学的相关知识来识读结构施工图(图 5.1)，掌握其中的梁、板、柱、楼梯等相关构件的表示方法及其表达的含义，为以后的工作打下良好的知识基础。

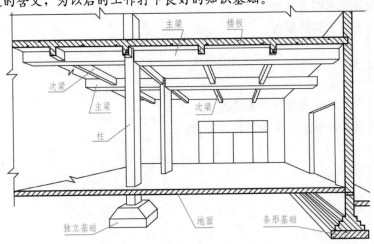

▲图 5.1　现浇框架结构示意图

任务 1　框架结构柱施工图识读

导　　读

在框架结构中，柱为竖向承重构件，楼面上的所有荷载通过梁传递给柱。所以柱是很重要的构件，同时柱也是梁、墙等构件定位的依据。因此，必须学会识读柱的结构施工图，明确柱的位置、材料和构造做法。

结构施工图包含以下内容：结构总说明、基础布置图、承台配筋图、地梁布置图、各层柱布置图、各层柱配筋图、各层梁配筋图、屋面梁配筋图、楼梯屋面梁配筋图、各层板配筋图、屋面板配筋图、楼梯大样、节点大样。

任务引入

通过项目的学习，学生能够了解钢筋混凝土框架结构中的柱的分类，掌握并理解柱配筋构造及相应的平法制图规则。关于柱配筋，重点学习纵筋的连接方式和构造，掌握柱箍筋设置和加密区范围设定，以及熟悉柱顶纵向钢筋的构造及柱根钢筋的锚固等，从而具备正确识读混凝土结构平法的柱施工图的基本能力。识读展厅框架柱施工图，根据教师讲解的相关知识，利用 11G101 图集，查找相关知识，明确柱的平法标注及详细构造做法（见后文拉页）。

相关知识

一、柱的相关知识

1. 柱的类型

（1）在砌体房屋墙体的规定部位，按构造配筋，并按先砌墙后浇灌混凝土柱的施工顺序制成的混凝土柱，通常称为混凝土构造柱，简称构造柱。

（2）框架柱是在框架结构中承受梁和板传来的荷载，并将荷载传给基础，是主要的竖向受力构件。需要通过计算配筋。

（3）框支柱是由于建筑功能要求，下部大空间，上部部分竖向构件不能直接连续贯通落地，而通过水平转换结构与下部竖向构件连接，当布置的转换梁支撑上部的剪力墙时，转换梁叫框支梁，支撑框支梁的柱子称为框支柱。

（4）暗柱是指布置于剪力墙中柱宽等于剪力墙厚的柱，一般在外观看不出，所以称为暗柱，如果布置位置在端部，也可以作为端柱分析。

(5)端柱的宽度比墙的厚度要大，约束边缘端柱 YDZ 的长与宽的尺寸要大于等于 2 倍墙厚；端柱担当框架柱的作用。

(6)普通柱是除去上面的柱子和构造柱以外的柱子构件。

2. 柱的配筋

柱配筋图如图 5.2 所示。

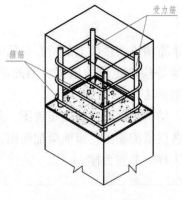

▲图 5.2 柱配筋图

(1)沿着柱高方向的钢筋为柱纵向钢筋。

(2)沿着柱的横截面方向的钢筋为柱箍筋。箍筋需要表明钢筋的级别、直径、加密区间距和非加密区间距。如 $\phi 8@100/200$ 表示直径为 8 mm 的 HPB300 级箍筋，加密区间距为 100 mm，非加密区间距为 200 mm。柱箍筋的形式如图 5.3 所示。

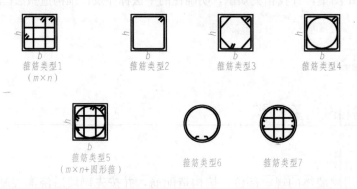

▲图 5.3 柱箍筋类型图

箍筋类型 1 为复合矩形箍 $m \times n$，m 和 n 均为大于等于 3 的自然数，其中 m 为沿柱 b 边的箍筋肢数，n 为沿柱 h 边的箍筋肢数。

例如：5×4 肢箍表示沿柱 b 边的箍筋肢数为 5 肢，沿柱 h 边的箍筋肢数为 4 肢。

常见矩形箍筋的复合方式如图 5.4 所示。

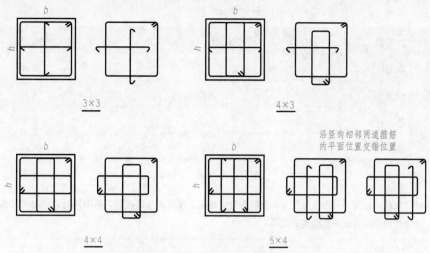

3×3　　　　4×3

沿竖向相邻两道箍筋
的平面位置交错位置

4×4　　　　5×4

▲图 5.4　常见矩形箍筋的复合方式

二、柱平法施工图制图规则

1. 柱平法施工图的表示方法

柱平法施工图是在柱平面布置图上采用列表注写方式或截面注写方式表达。

2. 柱的列表注写

在柱平面布置图上，分别在同一编号的柱中选择一个或几个截面标注几何参数代号（反映截面对轴线的偏心情况），用简明的柱表注写柱号、柱段起止标高、几何尺寸（含柱截面对轴线的偏心情况）与配筋的具体数值，并配以各种柱截面形状及其箍筋类型图。如图 5.5 所示。

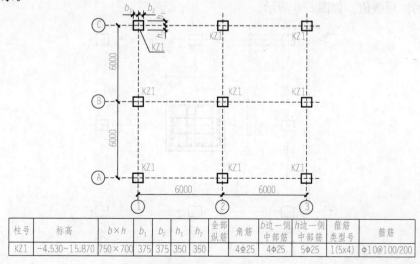

柱号	标高	$b \times h$	b_1	b_2	h_1	h_2	全部纵筋	角筋	b 边一侧中部筋	h 边一侧中部筋	箍筋类型号	箍筋
KZ1	−4.530~15.870	750×700	375	375	350	350		4Φ25	4Φ25	5Φ25	1(5×4)	Φ10@100/200

−4.530~15.870柱平法施工图(列表注写方式)

▲图 5.5　柱平法施工图

▼表5.1 柱编号

柱类型	代 号	序 号
框架柱	KZ	××
框支柱	KZZ	××
芯 柱	XZ	××
梁上柱	LZ	××
剪力墙上柱	QZ	××

注：编号时，当柱的总高、分段截面尺寸和配筋均对应相同，仅截面与轴线的关系不同时，仍可将其编为同一柱号，但应在图中注明截面与轴线的关系

柱表中自柱根部(基础顶面标高)往上以变截面位置或截面未变但配筋改变处为界分段注写。

3. 柱的截面注写

在分标准层绘制的柱平面布置图的柱截面上，分别在同一编号的柱中选择一个截面，直接注写截面尺寸和配筋的具体数值。

(1)在柱定位图中，按一定比例放大绘制柱截面配筋图，在其编号后再注写截面尺寸(按不同形状标注所需数值)、角筋、中部纵筋及箍筋。

(2)柱的竖筋数量及箍筋形式直接画在大样图上，并集中标注在大样旁边。

(3)当柱纵筋采用同一直径时，可标注全部钢筋；当纵筋采用两种直径时，需将角筋和各边中部筋的具体数值分开标注；当柱采用对称配筋时，可仅在一侧注写腹筋。

(4)必要时，可在一个柱平面布置图上用小括号"( )"和尖括号"〈 〉"区分和表达各不同标准层的注写数值。如图5.6所示。

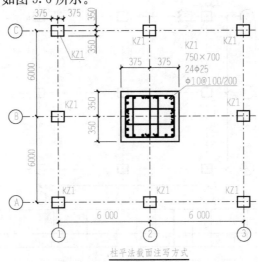

柱平法截面注写方式

▲图5.6 柱平法截面注写方式

该图表示的含义为：

KZ1：框架柱标号为 1。

750×700：矩形框架柱尺寸一边为 750 mm，一边为 700 mm。

24φ22：柱的钢筋为 24 根直径 22 mm 的 HPB300 级钢筋。

φ10@100/200：箍筋直径为 10 mm 的 HPB300 级钢筋，间距加密区为 100 mm、非加密区为 200 mm。

⊙三、柱的标注构造

（1）抗震框架柱纵筋的连接。钢筋的连接可分为两种：绑扎搭接、机械连接或焊接连接。设计图纸中钢筋的连接方式大多均已注明。抗震框架柱 KZ 纵向钢筋的连接构造如图 5.7 所示。

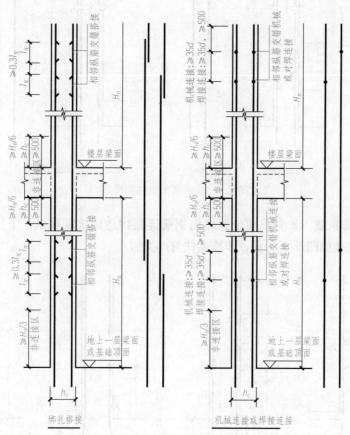

▲图 5.7　抗震框架柱钢筋连接

（2）非抗震框架柱纵筋的连接。非抗震框架柱纵筋的连接如图 5.8 所示。

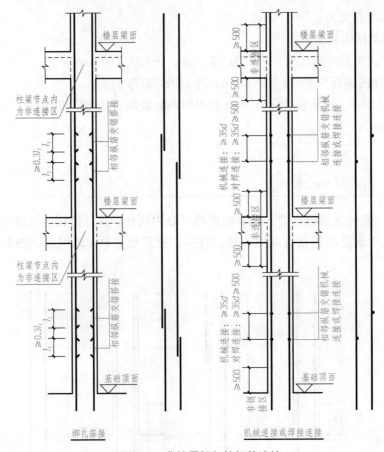

▲图5.8　非抗震框架柱钢筋连接

　　(3)抗震和非抗震 KZ 变截面位置纵向钢筋连接构造。抗震柱上、下层变截面时,纵向钢筋的连接构造如图5.9所示,非抗震柱与此类似。

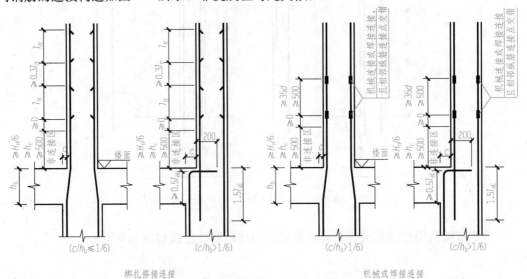

▲图5.9　柱变截面位置纵向钢筋连接构造

（4）抗震和非抗震 KZ 柱顶纵筋的构造。抗震框架顶层柱，可分为边柱、角柱和中柱。抗震 KZ 中柱柱顶纵筋构造如图 5.10 中的 A、B、C。非抗震 KZ 中柱柱顶纵筋构造与此类似。

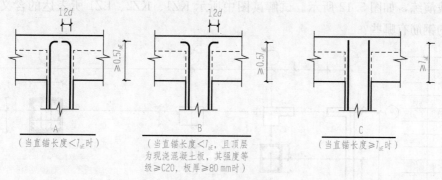

▲图 5.10 中柱柱顶纵筋的构造

（5）抗震 KZ 箍筋的加密区范围。抗震 KZ 箍筋的加密区范围，见图 5.11。

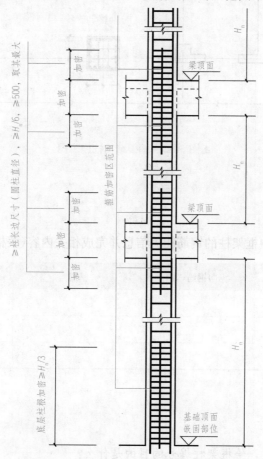

▲图 5.11 抗震 KZ 箍筋的加密区范围

任务实施

实战演练，如图 5.12 所示。试解读图中所示 KZ1、KZ2、LZ1 所表达的含义，其中所包含的钢筋有哪些？

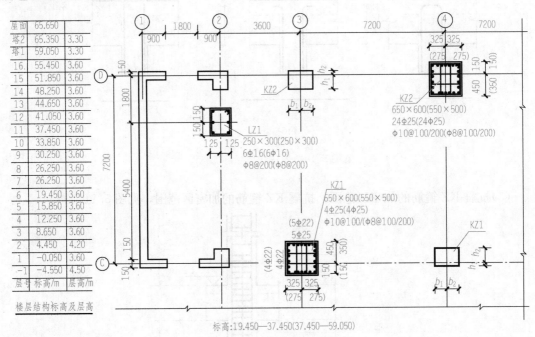

层号	标高/m	层高/m
屋面	65.650	
塔2	65.350	3.30
塔1	59.050	3.30
16	55.450	3.60
15	51.850	3.60
14	48.250	3.60
13	44.650	3.60
12	41.050	3.60
11	37.450	3.60
10	33.850	3.60
9	30.250	3.60
8	26.250	3.60
7	26.250	3.60
6	19.450	3.60
5	15.850	3.60
4	12.250	3.60
3	8.650	3.60
2	4.450	4.20
1	-0.050	3.60
-1	-4.550	4.50
层号	标高/m	层高/m

楼层结构标高及层高

标高:19.450—37.450(37.450—59.050)

▲图 5.12 框架结构柱施工图

任务考核

试着识读图 5.12 中框架柱的钢筋相关信息并完成相关内容(表格不够可以附白纸)。

构件名称	纵向钢筋	箍筋	箍筋简图
KZ1			
KZ2			
LZ1			

复习思考

1. 在平法施工图中，给框架柱编号的目的是什么？

2. 平法标注框架柱中的箍筋加密如何表达？

任务2　框架结构梁施工图识读

导　　读

　　框架梁是指两端与框架柱相连的梁，或者两端与剪力墙相连但跨高比不小于5的梁。框架梁的作用除了直接承受楼屋盖的荷载并将其传递给框架柱外，还有一个重要的作用，即它与框架柱刚接形成梁柱抗侧力体系，共同抵抗风荷载和地震作用等水平方向的力。框架梁是由混凝土和钢筋两种材料混合而成的。

任务引入

　　认识展厅地梁配筋图，利用图集明确梁的构造做法。

相关知识

一、梁的配筋

　　梁中配筋如图5.13所示。

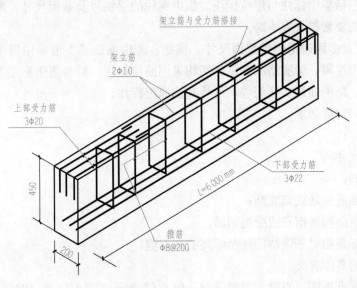

▲图5.13　梁中配筋示例

二、梁平法施工图制图规则

梁平法施工图有和平面注写和截面注写两种方式。当梁为异形截面时，可用断面注写方式，否则宜用平面注写方式。

1. 平面注写方式

平面注写方式是指在梁的平面布置图上，分别在不同编号的梁中各选一根梁，在其上注写截面尺寸和配筋具体数值来表达梁平法施工图的方式。

平面注写方式是在梁的平面布置图上，将不同编号的梁各选一根，在其上直接注明梁代号、断面尺寸 $B \times H$(宽×高)和配筋数值。当某跨断面尺寸或箍筋与基本值不同时，则将其特殊值从所在跨中引出另注。梁平面注写方式如图 5.14 所示。

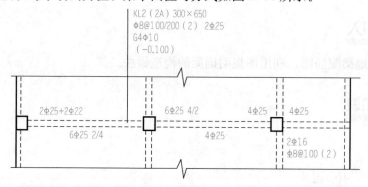

▲图 5.14　梁平面注写方式

平面注写包括集中标注与原位标注。集中标注的梁编号及截面尺寸、配筋等代表许多跨，原位标注的要素仅代表本跨。

(1)梁编号及多跨通用的梁截面尺寸、箍筋、跨中面筋基本值采用集中标注，可从该梁任意一跨引出注写；梁底筋和支座面筋均采用原位标注。对与集中标注不同的某跨梁截面尺寸、箍筋、跨中面筋、腰筋等，可将其值原位标注。

集中标注的内容如下：

1)梁的编号；

2)梁截面尺寸；

3)梁的箍筋；

4)梁的上部通长筋或架立筋；

5)梁侧面纵向构造钢筋或受扭钢筋；

6)梁顶面标高相对于该结构楼面标高的高差值。

每个内容的具体含义：

①梁截面标准规则。当梁为等截面时，用 $b \times h$ 表示。当为加腋梁时用 $b \times h$　$Y c_1 \times c_2$ 表示，其中 c_1 为腋长，c_2 为腋高(图 5.15)。当有悬挑梁且根部和端部不同时，用斜线分隔根部与端部的高度值，即 $b \times h_1/h_2$。

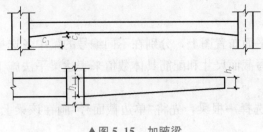

▲图 5.15　加腋梁

②箍筋的标注规则。当箍筋分为加密区和非加密区时，用斜线"/"分隔，肢数写在括号内。当抗震结构中的框架梁采用不同的箍筋间距和肢数时，也可用斜线"/"将其分隔开表示。

例如：$13\phi8@150/200(4)$，表示梁的两端各有 13 个 $\phi8$ 箍筋，间距为 150 mm；梁跨中箍的间距为 200 mm，全部为 4 肢箍。又如 $13\phi8@150(4)/150(2)$，表示梁两端各有 13 个 $\phi8$ 的 4 肢箍，间距 150 mm；梁跨中为 $\phi8$ 双肢箍箍筋间距为 150 mm。

③梁上部通长筋和架立筋的标注规则。在梁上部既有通长钢筋又有架立筋时，用"＋"号相联标注，并将通长筋写在"＋"号前面，架立筋写在"＋"号后面并加括号。例如，当梁配置四肢箍时，用 $2\phi22＋(2\phi12)$ 表示，其中，$2\phi22$ 为通长筋，$(2\phi12)$ 为架立钢筋。

上部、下部纵筋均为通长筋的表示。若梁上部仅有架立筋无通长钢筋，则全部写入括号内。当梁的上部纵向钢筋和下部纵向钢筋均为通长筋，且多数跨配筋相同，此时可将标注写在梁的下侧，并用分号";"隔开。例如，$3\phi22$；$4\phi25$，表示梁上部为 $3\phi22$ 通长筋，梁下部为 $4\phi25$ 通长筋。

④梁侧钢筋的标注规则。梁侧钢筋分为构造配筋和受扭纵筋。当梁的腹板高度≥450 mm 时，就需要配置构造梁侧钢筋，构造钢筋用大写字母 G 打头，接着标注梁两侧的总配筋量，且对称配置。例如，$G4\phi12$，表示在梁的每侧各配 $2\phi12$ 构造钢筋。受扭纵筋用 N 打头。例如 $N6\phi18$，表示梁的每侧配置 $3\phi18$ 的纵向受扭钢筋。

⑤梁顶高差的标注规则。梁顶高差是指梁顶与相应的结构层的高度差值，当梁顶与相应的结构层标高一致时，则不标此项，若梁顶与结构层存在高差时，则将高差值标入括号内。例如，(-0.05) 表示梁顶低于结构层 0.05 m；若为 (0.05) 则表示梁顶高于结构层 0.05 m。

加腋梁表达方式如图 5.16 所示。

2号框架梁，有两跨，
一端有悬挑、梁断面

此梁箍筋是 $\phi8$ 间距 200 mm，加密区间距 100 mm，两支箍筋，梁上部贯通直径为 25 mm 的钢筋 2 根；梁顶相对于楼层标高 24.950 m 低 0.100 m

KL2（2A）300×650
$\phi8@100/200（2）2\phi25$
(-0.100)

表示梁支座上部有四根纵筋

$2\phi25+2\phi2$
$6\phi25\ 2/4$

$6\phi25\ 4/2$
$4\phi25$

$4\phi25$

$4\phi25$
$2\phi16$
$\phi8@100$

24.950

Ⓑ

①　②　③

表示悬挑部分的箍筋

该跨梁下部配筋

该跨梁下部配筋，上一排纵筋为 $2\phi25$，
下一排纵筋为 $4\phi25$ 全部伸入支座

▲图 5.16　加腋梁表达方式

2. 截面注写方式

截面注写方式是指在分标准层绘制的梁平面布置图上，分别在不同编号的梁中各选择一根梁，用剖面号引出配筋图，并在其上注写截面尺寸和配筋具体数值来表达梁平法施工图的方式。

对所有梁进行编号，从相同编号的梁中选择一根，先将"单边截面号"画在该梁上，再将截面配筋详图画在本图或其他图上。

截面注写方式，既可单独使用，也可与平面注写方式结合使用。

梁截面注写方式如图 5.17 所示。

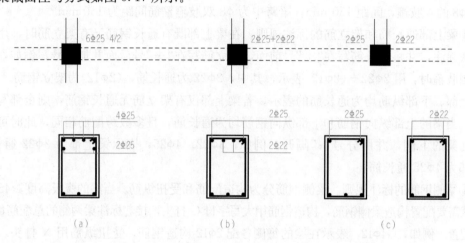

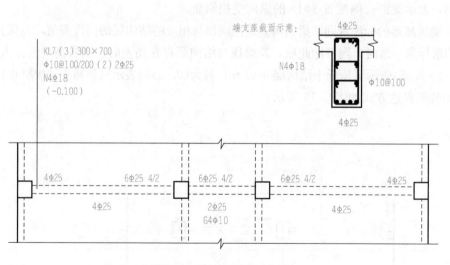

▲图 5.17　梁截面注写方式

3. 梁编号

梁编号由梁类型、代号、序号、跨数及是否带有悬挑几项组成，其标注方式应符合表 5.2 的规定。

▼表 5.2　梁编号

梁类型	代号	序号	跨数及是否带有悬挑
楼层框架梁	KL	××	(××)、(××A)或(××B)
屋面框架梁	WKL	××	(××)、(××A)或(××B)
框 支 梁	KZL	××	(××)、(××A)或(××B)
非框架梁	L	××	(××)、(××A)或(××B)
悬 挑 梁	XL	××	
井 字 梁	JZL	××	(××)、(××A)或(××B)

注：(××A)为一端有悬挑，(××B)为两端有悬挑，悬挑不计入跨数

4. 原位标注

(1)梁支座上部纵筋。该部位标注包括梁上部的所有纵筋，即包括通长筋。

当梁上部纵筋不止一排时用斜线"/"将各排纵筋从上自下分开。例如，6φ25(4/2)，表示梁支座的上一排钢筋为 4φ25，下排钢筋为 2φ25。

当同排纵筋有两种直径时，用加号"＋"将两种规格的纵筋相联表示，并将角部钢筋写在"＋"号前面。例如，2φ25＋2φ22 表示 2φ25 放在角部，2φ22 放在顶梁的中部。

当梁上部支座两边的纵向筋规格不同时，须在支座两边分别标注；当梁上部支座两边纵筋相同时，可仅在支座一边标注，另一边可省略标注。

(2)梁下部纵向钢筋。当梁下部纵向钢筋多于一排时，用"/"号将各排纵向钢筋自下而上分开。

例如，梁下部注写为 6φ25(2/4)表示梁下部纵向钢筋为两排，上排为 2φ25，下排为 4φ25，全部钢筋伸入支座。

当梁下部纵向钢筋不全部伸入支座时，将梁支座下部纵筋减少的数量写在括号内。

例如，梁下部注写为 6φ25 2(2)/4 表示梁下部为双排配筋，其中，上排 2φ25 不伸入支座，下排 4φ25 全部伸入支座。

当梁上部和下部均为通长钢筋，而在集中标注时已经注明，则不需在梁下部重复做原位标注。

(3)附加箍筋和吊筋的标注。当多数附加箍筋和吊筋相同时，可在梁平法施工图上统一注明，否则直接画在平面图的主梁上，用引出线标注总配筋数(附加箍筋的肢数注在括号内)。如图 5.18 所示。

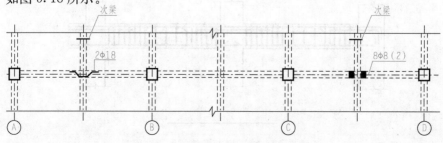

▲ 图 5.18　附加横向钢筋标注

(4)当在梁上集中标注的内容不适用于某跨时,则采用原位标注的方法标注此跨内容,施工时原位标注优先采用。如图5.19所示。

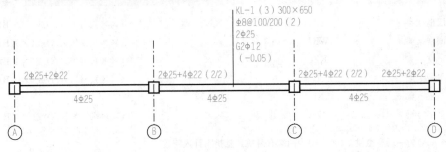

▲图5.19 梁原位标注

根据上述所学,试解读该框架梁所表达的意思。

二、梁标准构造详图

1. 箍筋加密区与非加密区长度

(1)箍筋的标注规则。当箍筋分为加密区和非加密区时,用斜线"/"分隔,肢数写在括号内。当抗震结构中的框架梁采用不同的箍筋间距和肢数时,也可用斜线"/"将其分隔开表示。

例如,13φ8@150/200(4),表示梁的两端各有13个φ8箍筋,间距为150 mm;梁跨中箍的间距为200 mm,全部为4肢箍。又如13φ8@150(4)/150(2),表示梁两端各有13个φ8的4肢箍,间距150 mm;梁跨中为φ8双肢箍箍筋间距为150 mm。如图5.20所示。

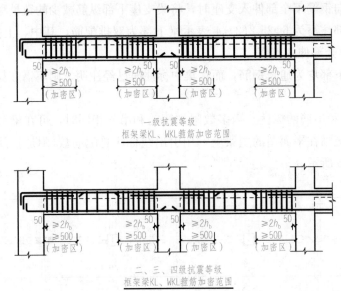

▲图5.20 抗震框架梁箍筋加密范围

🔧 2. 纵筋的截断、锚固与连接

纵筋的截断、锚固与连接如图 5.21 所示。

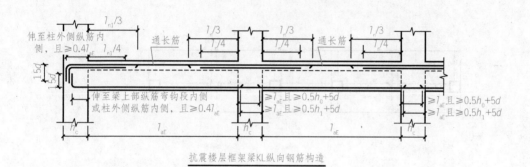

抗震楼层框架梁KL纵向钢筋构造

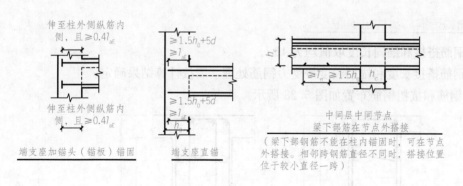

▲图 5.21　抗震框架梁纵筋构造

🔧 3. 附加横向钢筋的设置

附加横向钢筋平面图和三维如图 5.22 所示。

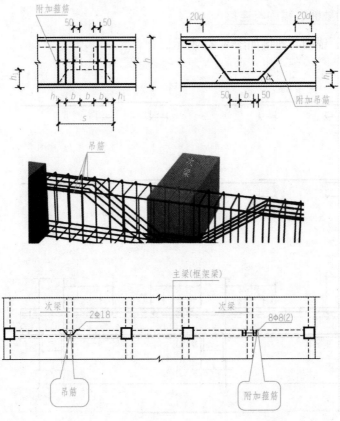

▲图 5.22 附加横向钢筋平面图和三维示意图

4. 梁侧构造钢筋和抗扭钢筋

G：构造钢筋搭接和锚固长度取值均为 15d。

N：抗扭钢筋搭接长度和锚固长度按受力钢筋处理，需按计算结果确定。

梁侧构造钢筋和抗扭钢筋布置如图 5.23 所示。

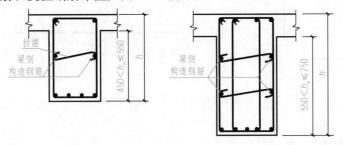

▲图 5.23 梁侧构造钢筋和抗扭钢筋布置

三、识读要点

（1）根据相应建施平面图，校对轴线网、轴线编号及轴线尺寸。

（2）根据相应建施平面图的房间分隔、墙柱布置，检查梁的平面布置是否合理，梁轴线定位尺寸是否齐全、正确。

（3）仔细检查每根梁编号、跨数、截面尺寸、配筋、相对高程。

（4）检查各设备工种的管道、设备安装与梁平法施工图有无矛盾，大型设备的基础下一般均应设置梁。

（5）根据结构设计，施工有无困难，是否保证施工质量，并提出合理化建议。

任务实施

识读图5.24，学生分小组解读每一跨梁中钢筋的相关内容，画出每一跨跨中和跨端的三个截面剖面图和相应的钢筋配料单。

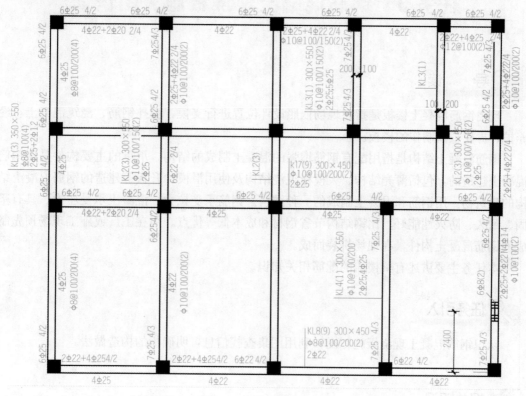

▲图5.24　框架梁结构图

任务考核

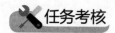

▼　剖面图识读　实训报告

轴号/框架梁名称	跨左端	跨中	跨右端

复习思考

1. 在不同抗震等级下，梁钢筋的构造有何不同？
2. 梁柱节点部位的构造形式有何区别？
3. 梁平法施工图中对编号有哪些规定？
4. 梁平面注写方式中集中标注有哪些必注内容？
5. 梁原位标注中"/""＋"各表达了哪些信息？

任务3 钢筋混凝土现浇板施工图识读

导 读

现浇钢筋混凝土楼板是指在现场依照设计位置进行支模、绑扎钢筋、浇筑混凝土，经养护、拆模板而制作的楼板。

钢筋混凝土结构是指用配有钢筋增强的混凝土制成的结构。承重的主要构件是用钢筋混凝土建造的，包括薄壳结构、大模板现浇结构及使用滑模、升板等建造的钢筋混凝土结构的建筑物。用钢筋和混凝土制成的一种结构。钢筋承受拉力，混凝土承受压力。具有坚固、耐久、防火性能好、比钢结构节省钢材和成本低等优点。用在工厂或施工现场预先制成的钢筋混凝土构件，在现场拼装而成。

本任务主要讲述有梁楼盖的配筋相关知识。

任务引入

认识钢筋混凝土现浇板施工图，利用图集查找信息，明确板的构造做法。

相关知识

一、板的钢筋布置图

板中钢筋布置图如图5.25所示。

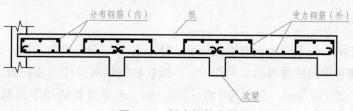

▲图 5.25　板中钢筋布置图

二、板的分类

1. 板式楼板

（1）单向板：板的长边与短边之比大于 2，板内受力钢筋沿短边方向布置，板的长边承担板的荷载。

（2）双向板：板的长边与短边之比不大于 2，荷载沿双向传递，短边方向内力较大，长边方向内力较小，受力主筋平行于短边并摆在下面。

（3）板式楼板的厚度一般不超过 120 mm，经济跨度在 3 000 mm 之内。

（4）板式楼板适用于小跨度房间，如走廊、厕所和厨房等。板钢筋构造三维如图 5.26 所示。板中钢筋构造如图 5.27 所示。

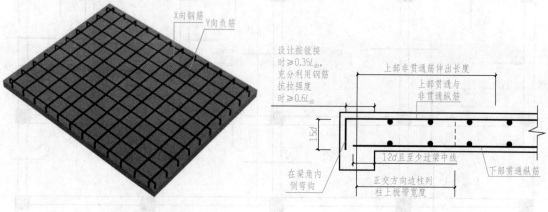

▲图 5.26　板钢筋构造三维示意图　　　　▲图 5.27　板中钢筋构造

2. 肋形楼板楼板内设置梁

梁有主梁和次梁，主梁沿房间布置，次梁与主梁一般垂直相交，板搁置在次梁上，次梁搁置在主梁上，主梁搁置在墙或柱上，所以板内荷载通过梁传至墙或者柱子上。肋形楼板适用于厂房等大开间房间。

3. 井字楼板

（1）纵梁和横梁同时承担着由板传递下来的荷载。

（2）一般为 6～10 m，板厚为 70～80 mm，井格边长一般小于 2.5 m。

（3）井字楼板常用于跨度为 10 m 左右、长短边之比小于 1.5 的公共建筑的门厅、大厅。

4. 无梁楼板柱网

无梁楼板柱网一般布置为正方形或矩形,柱距以 6 m 左右较为经济。为减少板跨,改善板的受力条件和加强柱对板的支承作用,一般在柱的顶部设柱帽或托板。由于其板跨较大,板厚不宜小于 120 mm,一般为 160～200 mm。无梁楼板适用于活荷载较大的商店、仓库、展览馆等建筑。

5. 压型钢板

压型钢板起到现浇混凝土的永久模板作用;同时板上的肋条能与混凝土共同工作,可以简化施工程序,加快施工速度;并且具有刚度大、整体性好的优点;同时还可以利用压型钢板肋间空间敷设电力或通信管线。压型钢板适用于需有较大的空间的高、多层民用建筑及大跨度工业厂房中。

三、有梁楼盖平法施工图制图规则

有梁楼盖板平法施工图,是在楼面板和屋面板布置图上,采用平面注写的表达方式。板平面注写主要包括板块集中标注和板支座原位标注。如图 5.28 所示。

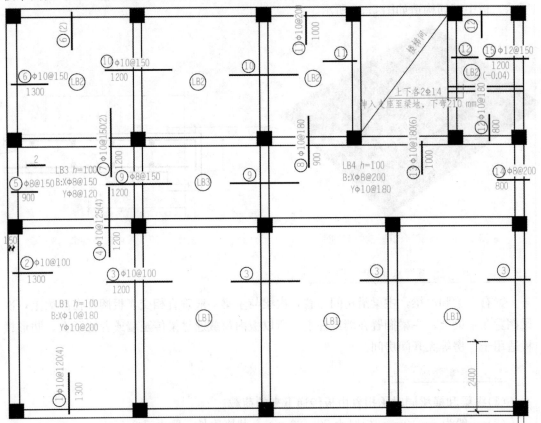

▲图 5.28　板配筋图

1. 板块集中标注

板块集中标注的注写内容为板块编号(表 5.3)、板厚、贯通纵筋,以及当板面标高不同时的标高高差。

▼表 5.3　板块编号

板 类 型	代 号	序 号
楼 面 板	LB	××
屋 面 板	WB	××
悬 挑 板	XB	××

板厚注写为 $h=×××$(为垂直于板面的厚度);当悬挑板的端部改变截面厚度时,用斜线分隔根部与端部的高度值,注写为 $h=××$ $×/×××$;当设计已在图注写统一注明板厚时,此项可不注。如图 5.29 所示。

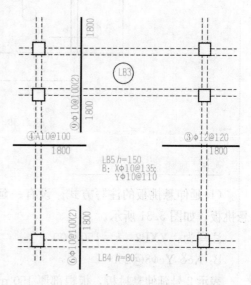

▲图 5.29　板注写方式

2. 贯通纵筋

(1)贯通纵筋按板块的下部和上部分别注写(当板块上部不设贯通纵筋时则不注),并以 B 代表下部,以 T 代表上部,B&T 代表下部与上部。

(2)X 向贯通纵筋以 X 打头,Y 向贯通纵筋以 Y 打头,两向贯通纵筋配置相同时则以 X&Y 打头。

(3)当为单向板时,另一向贯通的分布筋可不注写,而在图中统一注明。

(4)当在某些板内(例如,在延伸悬挑板 YXB,或纯悬挑板 XB 的下部)配置有构造筋时,则 X 向以 Xc 打头,Y 向以 Yc 打头注写。

例如,设有一楼面板块注写为:LB5 $h=150$

$$B:Xφ10@135;　　Yφ10@110$$

表示 5 号楼面板,板厚 150 mm,板下部配置的贯通纵筋 X 向为 φ10@135;Y 向为 φ10@110;板上部未配置贯通纵筋。

3. 板面标高高差

板面标高高差是指相对于结构层楼面标高的高差,应将其注写在括号内,且有高差则注,无高差不注。

4. 板支座原位标注

(1)板支座原位标注的内容为:板支座上部非贯通纵筋和纯悬挑板上部受力钢筋。

(2)板支座原位标注的钢筋,应在配置相同跨的第一跨表达。

（3）在配置相同跨的第一跨（或梁悬挑部位），垂直于板支座（梁或墙）绘制一段适宜长度的中粗实线，并在线段上方注写钢筋编号（如①、②等）、配筋值、横向连续布置的跨数（注写在括号内，且当为一跨时可不注），以及是否横向布置到梁的悬挑端。

板支座原位标注如图 5.30 所示。

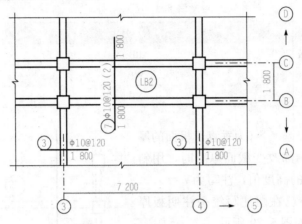

▲图 5.30　板支座原位标注

🔖 5. 悬挑板注写方式

（1）延伸悬挑板的注写方式。设有一延伸悬挑板，如图 5.31 所示。

注写为：YXB2　$h=150/100$

B：Xc&Ycϕ8@200

表示 2 号延伸悬挑板，板根部厚 150 mm，端部厚 100 mm，板下部配置构造钢筋双向均为 ϕ8@200。上部受力钢筋见板支座原位标注。

（2）纯悬挑板的注写方式。纯悬挑板的注写方式，如图 5.32 所示。

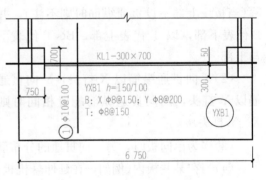

▲图 5.31　延伸悬挑板的注写方式

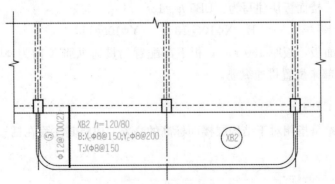

▲图 5.32　纯悬挑板的注写方式

练习：说明图 5.33 中 LB1、LB2、LB4、LB5 的板厚、板底或板面的贯通纵筋。

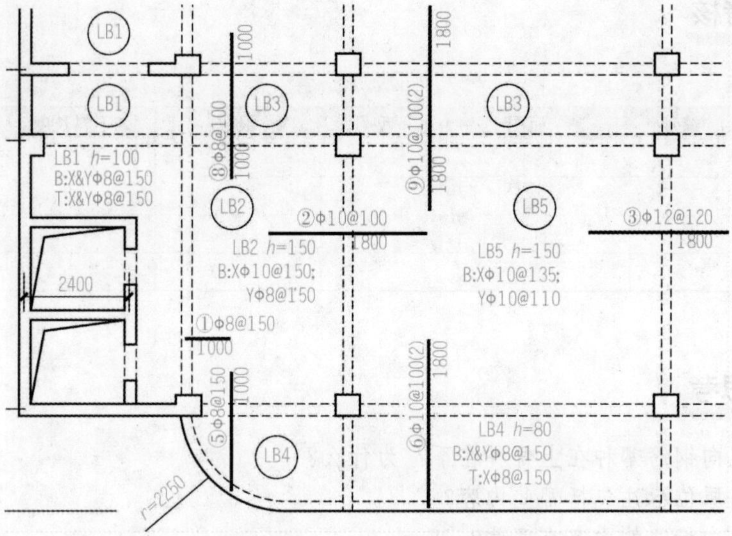

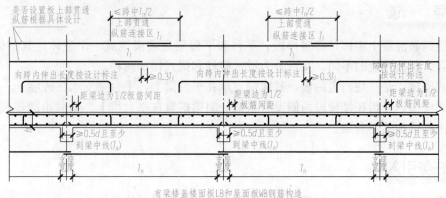

▲图 5.33　板的注写方式

四、板的构造要求

常见的现浇有梁板钢筋构造详图，如图 5.34 所示。

▲图 5.34　有梁楼盖板钢筋构造详图

注：图中中间支座为梁，当支座为钢筋混凝土墙、砌体墙、圈梁时，其构造相同。

任务实施

详见前面板配筋图平法标注所表达的内容。根据所学知识列出钢筋下料单。

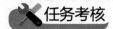

任务考核

▼钢筋下料单

构件名称	编号	简图	型号	根数	下料长度	总长

复习思考

1. 板中双向钢筋哪种在上哪种在下？为什么？
2. 板支座原位标注包括哪些内容？
3. 板块集中标注的内容有哪些？

任务4 钢筋混凝土现浇楼梯施工图识读

导 读

现浇钢筋混凝土楼梯是将楼梯段、平台和平台梁现场浇筑成一个整体，其整体性好，抗震性强。其按构造的不同，又可分为板式楼梯和梁式楼梯两种。

板式楼梯：是一块斜置的板，其两端支承在平台梁上，平台梁支承在砖墙上。

梁式楼梯：是指在楼梯段两侧设有斜梁，斜梁搭置在平台梁上。荷载由踏步板传给斜梁，再由斜梁传给平台梁。

任务引入

认识钢筋混凝土楼梯，利用图集查找信息，明确楼梯的构造做法。

相关知识

一、楼梯的形式及分类

1. 楼梯的形式

楼梯的形式如图5.35所示。

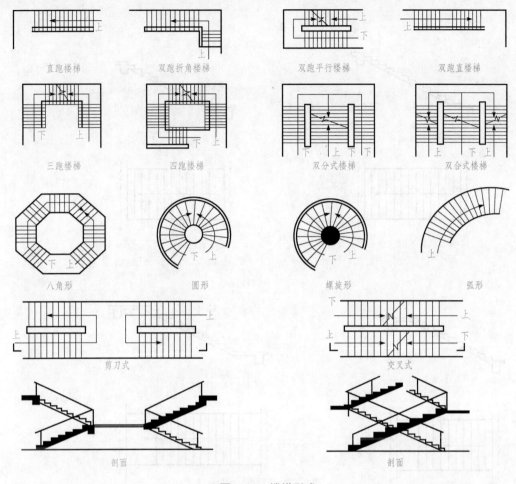

▲图 5.35　楼梯形式

⚲ 2. 楼梯的分类

现浇板式楼梯类型有 AT～HT 八种类型，详见图 5.36。其中，AT～ET 型梯板的两端分别以（低端和高端）梯梁为支座，采用该组板式楼梯的楼梯间内部既要设置楼层梯梁，也要设置层间梯梁（其中 ET 型梯板两端均为楼层梯梁）以及与其相连的楼层平台板和层间平台板。

AT～ET 型梯板的型号、板厚、上下部纵向钢筋及分布钢筋等内容由设计者在平法施工图中注明。梯板上部纵向钢筋向内伸出水平投影长度见相应的标准构造详图，设计不注，但设计者应予以校核；当标准构造详图规定的水平投影长度不满足具体工程要求时，应由设计者另行注明。

FT～HT 每个代号代表两跑踏步段和连接它们的楼层平板及层间平板。

FT～HT 型梯板的构成分以下两类：

第一类：FT 型和 GT 型，由层间平板、踏步段和楼层平板构成；

第二类：HT 型，由层间平板和踏步段构成。

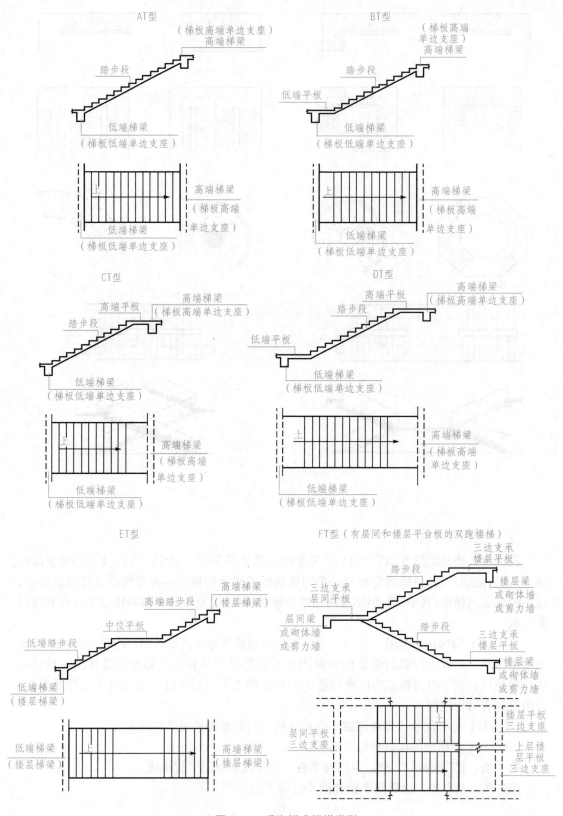

▲图5.36 现浇板式楼梯类型

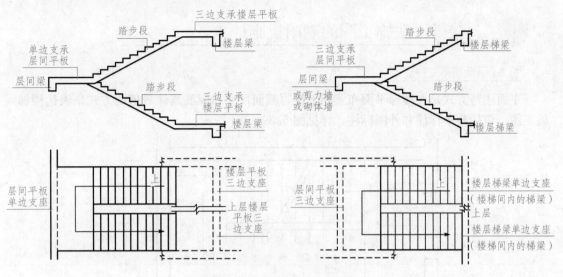

▲图 5.36　现浇板式楼梯类型(续)

现浇钢筋混凝土楼梯根据受力不同，可分为板式楼梯(图 5.37)和梁式楼梯(图 5.38)两种类型。

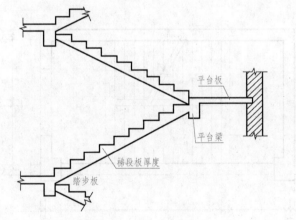

▲图 5.37　板式楼梯

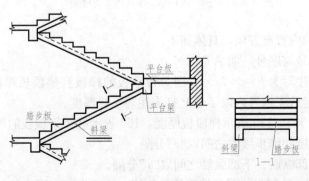

▲图 5.38　梁式楼梯

二、楼梯平法施工图的制图规则（AT）

1. 平面注写方式

平面注写方式是在楼梯平面布置图上注写截面尺寸和配筋具体数值的方式来表达楼梯施工图。包括集中标注和外围标注，详见图5.39。

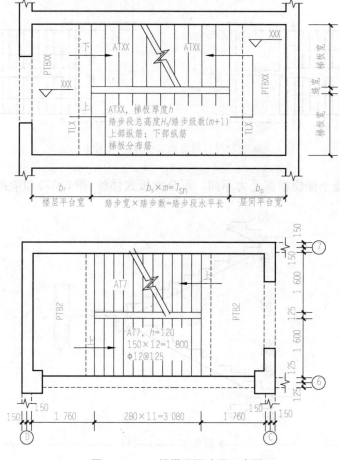

▲图 5.39　AT 楼梯平面注写示意图

楼梯集中标注的内容有五项，具体如下：

(1)梯板类型代号与序号，如 AT ××。

(2)梯板厚度，注写为 $h=×××$。当为带平板的梯板且梯段板厚度和平板厚度不同时，可在梯段板厚度后面括号内以字母 P 打头注写平板厚度。

例： $h=130(P150)$，130 表示梯段板厚度，150 表示梯板平板段的厚度。

(3)踏步段总高度和踏步级数之间以"/"分隔。

(4)梯板支座上部纵筋、下部纵筋之间以";"分隔。

(5)梯板分布筋以 F 打头注写分布钢筋具体值，该项也可在图中统一说明。

楼梯外围标注的内容，包括楼梯间的平面尺寸、楼层结构标高、层间结构标高、楼梯的上下方向、梯板的平面几何尺寸、平台板配筋、梯梁及梯柱配筋等。

2. 剖面注写方式

剖面注写方式需要在楼梯平法施工图中绘制楼梯平面布置图和楼梯剖面图，注写方式分平面注写、剖面注写两部分。

楼梯平面布置图注写内容包括楼梯间的平面尺寸、楼层结构标高、层间结构标高、楼梯上下方向、梯板的平面几何尺寸、梯板类型及编号、平台板配筋、梯梁及梯柱配筋等。

楼梯剖面图注写内容包括梯板集中标注、梯梁梯柱编号、梯板水平及竖向尺寸、楼层结构标高、层间结构标高等。

梯板集中标注的内容有四项，具体如下：

(1)梯板类型及编号，如 AT××。

(2)梯板厚度，注写为 $h=×××$。当梯板由踏步段和平板构成，且踏步段梯板厚度和平板厚度不同时，可在梯板厚度后面括号内以字母 P 打头注写平板厚度。

(3)梯板配筋。注明梯板上部纵筋和梯板下部纵筋，用分号";"将上部与下部纵筋的配筋值分隔开来。

(4)梯板分筋，以 F 打头注写分布钢筋具体值，该项也可在图中统一说明。

AT 楼梯配筋图如图 5.40 所示。

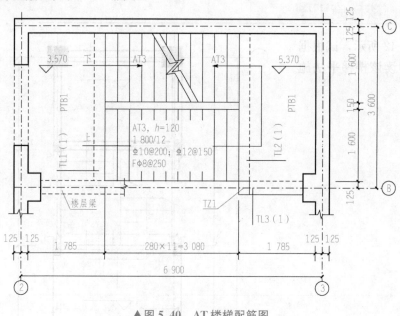

▲图 5.40 AT 楼梯配筋图

三、楼梯的构造详图(AT)

标准构造详图中，AT 型楼梯梯板支座端上部纵向钢筋按下部纵向钢筋的 1/2 配置，且不小于 φ8@200，详见图 5.41。(踏步段自第一级踏步起整体斜向推高值与最上一级踏步高度的减小值。)楼梯与扶手连接的钢预埋件位置与做法应由设计者注明。

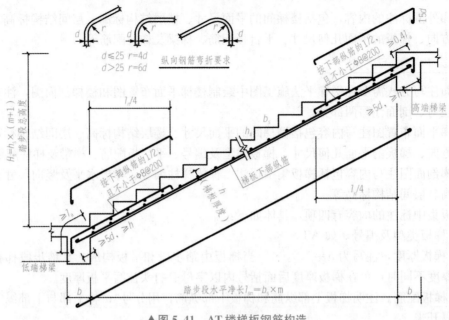

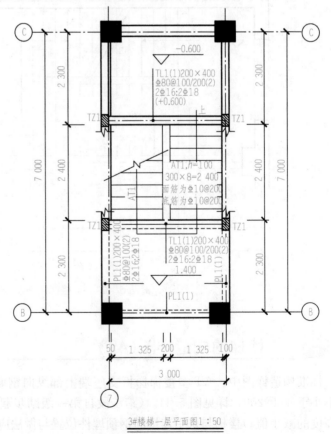

▲图 5.41 AT楼梯板钢筋构造

四、楼梯施工图

如图 5.42 所示，试根据所学知识解读该楼梯平法施工图。

3#楼梯一层平面图 1：50

▲图 5.42 楼梯一层平面图

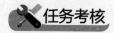
任务实施

根据所学知识，识读图 5.42 所示某楼梯平面图，学生分小组解读平面图中的相关内容，列出钢筋配料单。

任务考核

▼钢筋下料单

构件名称	编号	简图	型号	根数	下料长度	总长

复习思考

各种类型楼梯有何优缺点？

钢结构施工图识读

项目概述

本项目介绍钢材的性质、钢结构构件的构造要求和构件连接以及会识读轻型钢桁架施工图。

学习目标

1. 能够理解建筑钢材的主要技术性能。
2. 能够根据钢材的种类和规格选用钢材。
3. 认识钢梁、柱的截面形式，熟悉柱头、柱脚的构造要求。
4. 熟悉钢屋盖的组成、屋架的形式和构造要求。
5. 了解钢结构连接的种类和特点。
6. 了解钢结构具体的连接方法及图上表示方法。
7. 熟悉门式钢架轻型钢结构的组成与布置。
8. 掌握门式钢架轻型钢结构的节点构造。
9. 能够识读简单的轻型钢结构施工图。

任务 1 认识钢材

导 读

建筑钢材是指建筑上所用钢材的总称，包括型钢、钢板、线材和管材等。建筑钢材有组织均匀密实，强度(拉、压)、硬度高，加工及可焊性好，易腐蚀、维护费用高等特点。钢材在冶炼、轧制等过程中的质量好坏，最终都反映到钢材的力学性能上来，并会影响钢材的焊接性能。

任务引入

利用节假日到建筑钢材市场做调查和信息查询，看看你能收集到哪些与建筑钢材相关的信息？

相关知识

一、钢材的主要技术性能

钢材的性能主要包括钢材的力学性能和工艺性能。力学性能主要有抗拉、冲击韧性和耐疲劳性等；工艺性能主要有冷弯性能和焊接性能等。

将钢材加工成所需要的结构构件，需要一系列的工序，包括各种机械加工，切割，冷、热矫正及焊接等。钢材的工艺性能应满足这些工序的需要，不能在加工过程中出现钢材开裂或材质受损的现象。

低碳钢和低合金钢所具备的良好塑性在很大程度上满足了加工需要。另外，应注意冷弯性能和焊接性能两项性能。

(1)冷弯性能。冷弯性能反映了钢材在常温下冷加工时产生塑性变形的能力。冷弯性能不仅能检验钢材承受规定弯曲变形的能力，还能反映出钢材内部的冶金缺陷，如结晶情况、非金属杂物的分布情况等，因此，该性能是判别钢材塑性性能和质量的一项综合性指标。

(2)焊接性能。钢材在焊接连接过程中，焊缝及附近的金属经历升温、熔化、冷却及凝固的过程。可焊性是采用一般焊接工艺就可完成合格的(无裂纹的)焊缝的性能。钢材的可焊性受含碳量和合金元素的影响。含碳量为 $0.12\%\sim0.20\%$ 范围内的碳素钢，可焊性最好。含碳量再高可使焊缝和热影响区变脆。一般来说，可焊性良好的钢材，用普通的焊接方法焊接后，焊缝金属及其附近热影响区的金属不产生裂纹，并且其机械性能不低于母材的机械性能。

二、钢材的种类、规格和选用

(一)钢材的种类

1. 普通碳素结构钢

钢的牌号由代表屈服点的字母、屈服点数值、质量等级和脱氧程度四个部分按顺序组成，见表 6.1。

▼表 6.1　钢的牌号构成

牌号	统一数字代号①	等级	厚度(或直径)/mm	化学成分(质量分数)%，不大于					脱氧方法
				C	Si	Mn	P	S	
Q195	U11952		—	0.12	0.30	0.50	0.035	0.040	F、Z
Q215	U12152	A	—	0.15	0.35	1.20	0.045	0.050	F、Z
	U12155	B						0.045	
Q235	U12352	A	—	0.22	0.35	1.4	0.045	0.050	F、Z
	U12355	B		0.20②				0.045	
	U12358	C		0.17			0.040	0.040	
	U12359	D					0.035	0.035	
Q275	U12752	A	—	0.24	0.35	1.5	0.045	0.050	F、Z
	U12755	B	≤40	0.21			0.045	0.045	Z
			>40	0.22					
	U12758	C	0.20				0.040	0.040	Z
	U12759	D					0.035	0.035	TZ

注：①表中为镇静钢、特殊镇静钢牌号的统一数字，沸腾钢的统一数字代号如下：
　　Q195F-U11950；Q215AF-U12150，Q215BF-U12153；Q235AF-U12350，Q235BF-U12353；Q275AF-U12750。
②经需方同意，Q235B 的碳含量可不大于 0.22%。

　　根据钢材厚度(直径)<16 mm 时的屈服点大小，分为 Q195、Q215、Q235、Q255、Q275，随钢号的增大，含碳量增加，强度和硬度相应提高，而塑性和韧性则降低。建筑工程中应用最广泛的是 Q235 号钢，具有较高的强度，良好的塑性、韧性及可焊性，综合性能好，能满足一般钢结构和钢筋混凝土用钢要求，且成本较低。

2. 优质碳素结构钢

　　优质碳素结构钢对 S、P 等有害杂质含量控制更严格，且大部分为镇静钢，质量稳定，性能优于碳素结构钢，但成本较高，在钢结构中除常用作高强度螺栓的螺母及垫圈等外，一般很少采用。

3. 低合金高强度结构钢

　　在碳素结构钢的基础上加入总量小于 5% 的合金元素即低合金高强度结构钢。低合金钢的牌号表示方法与碳素结构钢相同，分为 Q345、Q390、Q420、Q460 等，钢的牌号等级符号除与碳素结构钢 A、B、C、D 四个等级相同外增加一个 E。按脱氧方法不同低合金结构钢可分为镇静钢或特殊镇静钢，因此在牌号中不注明脱氧方法。与碳素钢相比，低合金高强度结构钢具有高的屈服强度、抗拉强度、耐磨性、耐腐蚀性、耐低温性能等。因此，它是综合性较为理想的建筑钢材，尤其在大跨度、承受动荷载和冲击荷载的结构中更适用，但成本并不很高。

　　例如，Q390D 表示屈服点为 390 MPa 的 D 级特殊镇静钢。

(二)钢材的规格

1. 型钢

常见的型钢有圆钢、方钢、扁钢、六角钢、八角钢、工字钢、槽钢、角钢、异形钢、盘条等，每种型钢的规格都有一定的表示方法(表6.2)。

2. 钢板

钢板有厚钢板、薄钢板、扁钢(或带钢)之分。厚钢板常作大型梁、柱等实腹式构件的翼缘和腹板，以及节点板等；薄钢板主要用来制造冷弯薄壁型钢；扁钢可用作焊接组合梁、柱的翼缘板，各种连接板，加劲肋等，钢板截面的表示方法为在符号"—"后加"宽度×厚度"，如—200×20 等。钢板的供应规格如下：

(1)厚钢板：厚度4.5~60 mm，宽度600~3 000 mm，长度4~12 m；

(2)薄钢板：厚度0.35~4 mm，宽度500~1 500 mm，长度0.5~4 m；

(3)扁钢：厚度4~60 mm，宽度12~200 mm，长度3~9 m。

▼表6.2 型钢类别及表示方法

型钢类别	规格表示方法	举例	说明
圆钢	以直径表示	如：圆钢 ϕ20 mm	—
方钢	以"边长×边长"表示	如：方钢 20 mm×20 mm	—
扁钢	以"边宽×边厚"表示	如：扁钢 20 mm×10 mm	—
工字钢	以"高×腿宽×腰厚"表示	如：工字钢 100 mm× 55 mm×405 mm	普通工字钢的型号用符号"I"后加截面高度的厘米数来表示，20 号以上的工字钢，又按腹板的厚度不同，分为 a、b 或 a、b、c 等类别，例如 I20a 表示高度为 200 mm，腹板厚度为 a 类的工字钢。轻型工字钢的翼缘要比普通工字钢的翼缘宽而薄，回转半径较大。普通工字钢的型号为 10~63 号，轻型工字钢为 10~70 号，供应长度均为 5~19 m
槽钢	以"高×腿宽×腰厚"表示	如：槽钢 200 mm×75 mm ×9 mm	槽钢有普通槽钢和轻型槽钢二种。适于作檩条等双向受弯的构件，也可用其组成组合或格构式构件。槽钢的型号与工字钢相似
H 型钢、T 型钢	以代号后加"高度 H×宽度 B×腹板厚度 t_1×翼缘厚度 t_2"	如：HW400 mm×400 mm× 13 mm×21 mm 和 TW200 mm ×400 mm×13 mm×21 mm	H 型钢的基本类型可分为宽翼缘(HW)、中翼缘(HM)及窄翼缘(HN)三类。还可剖分成 T 型钢供应，代号分别为 TW、TM、TN
角钢	对不等边角钢为在符号"∟"后加"长边宽×短边宽×厚度"；等边角钢为在符号"∟"后加"边长×厚度"	如：∟125×80×8 和 ∟125 ×8	角钢分为等边(也称等肢)的和不等边(也叫不等肢)的两种，主要用来制作桁架等格构式结构的杆件和支撑等连接杆件

3. 钢管

钢管有无缝钢管和焊接钢管两种。由于回转半径较大，常用作桁架、网架、网壳等平面和空间格构式结构的杆件；在钢管混凝土柱中也有广泛的应用。型号可用代号"D"后加"外径 d×壁厚 t"表示，如 D180×8 等。国产热轧无缝钢管的最大外径可达 630 mm。供货长度为 3～12 m。焊接钢管的外径可以做得更大，一般由施工单位卷制。

(三)钢材的选用

钢材的选用既要确保结构物的安全可靠，又要经济合理，必须慎重对待。为了保证承重结构的承载能力，防止在一定条件下出现脆性破坏，应根据结构的重要性、荷载特征、连接方法、工作环境、应力状态和钢材厚度等因素综合考虑，选用合适牌号和质量等级的钢材。

为了简化订货，选用钢材时要尽量统一规格，减少钢材牌号和型材的种类，还要考虑市场的供应情况和制造厂的工艺可能性。

任务实施

1. 主要仪器设备

万能试验机、游标卡尺。

2. 试样及其制备

标准试件、常见的几种钢材(型钢、钢板、钢管等)。

3. 任务步骤

(1)学生能够识别教师给定的钢材种类、规格，填写实训报告。

(2)在教师的组织指导下会进行进场验收，判别外观质量，并将相关信息填入实训报告。

(3)学生通过试验检测钢材的拉伸性能，填入实训报告。

(4)实训结果处理。

(5)填写实训报告。

任务考核

一、钢材认识

▼ 钢材认识与检测 实训报告

实训人员：_____ 实训日期：_____ 指导教师：_____

项目编号	1	2	3	4	5	6	7
种类							
代号							
强度等级							
质量等级							
规格							
批次							
外观质量							

二、拉伸试验记录与结果计算

1. 试件原始尺寸记录：

材料	标距 L_0/mm	直径 d_0/mm									最小横截面面积 A_0/mm^2
		横截面Ⅰ			横截面Ⅱ			横截面Ⅲ			
		(1)	(2)	平均	(1)	(2)	平均	(1)	(2)	平均	
低碳钢											
铸铁											

2. 试件断后尺寸记录：

3. P_s、P_b 记录：

材料	屈服荷载 P_s/kN	最大荷载 P_b/kN
低碳钢		
铸铁		

4. 计算结果

低碳钢：

屈服极限　　　$\sigma_s = P_s/A_0 =$

强度极限　　　$\sigma_b = P_b/A_0 =$

延伸率　　　　$\delta = (L_1 - L_0)/L_0 \times 100\% =$

截面收缩率　　$\varPsi = (A_0 - A_1)/A_0 \times 100\% =$

铸　铁：

强度极限　　　$\sigma_b = P_b/A_0 =$

🔧复习思考

1. 钢材有哪些种类？钢材的主要性能有哪些？

2. 下列符号各有何含义？

①Q235AF；②Q390E；③Q345D；④Q235D。

任务2 认识钢结构构件

导读

钢结构是由若干构件组合而成的。连接的作用就是通过一定的手段将板材或型钢组合成构件，或将若干构件组合成整体结构，以保证其共同作用。因此，连接方式和构造及其结构构件的构造质量优劣直接影响钢结构的工作性能。

任务引入

请观察收集你所见到的钢结构的建筑主要有哪些结构构件组成？构件间是如何连接的？

相关知识

一、结构组成(以单层厂房为例)

单层厂房是建筑工程中大量使用的一类结构形式，如轻钢厂房、重钢厂房等均有使用。由于单层厂房设计、加工、制作及安装等技术已经非常成熟，因此，在建筑工程中应用十分广泛。

(一)单层厂房钢结构的组成

单层厂房钢结构一般是由屋盖结构、柱、吊车梁系统(吊车梁、制动系统)、支撑系统(屋面支撑、柱间支撑)、围护系统(墙架梁、墙架柱及墙板)以及附属部分组成，如图6.1所示。

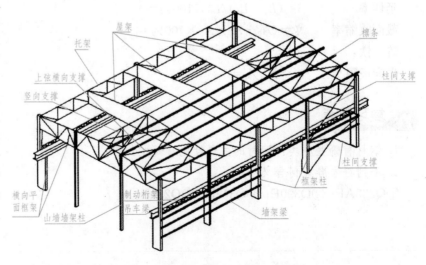

▲图6.1 单层厂房钢结构的组成示意图

(二)钢屋架的类型

钢屋架的类型主要有三角形屋架、梯形屋架、平行弦桁架及曲拱形屋架等，如图 6.2 所示。屋架外形与厂房用途、屋面材料、施工方法、屋架与其他构件连接及结构的刚度等因素有关，例如，三角形屋架与柱子只能铰接，房屋在屋架平面方向刚度差，不宜用于重型钢结构厂房中，但适用于陡坡屋面的有檩体系中。

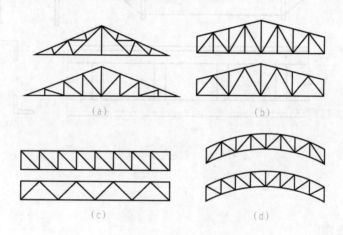

▲图 6.2 屋架的常见类型

(a)三角形屋架；(b)梯形屋架；(c)平行弦桁架；(d)曲拱形屋架

(三)单层厂房檩条

有檩体系中檩条的作用：一是作为屋面板的支撑，将屋面板的荷载有效传递给钢屋架；二是作为上弦杆的平面外支点，与纵向支撑一起保持屋面的纵向刚度，抵御纵向风力及吊车梁系统的纵向作用力。檩条有实腹式(图 6.3)和桁架式(图 6.4)两种。常采用工字钢、角钢、槽钢或冷弯型钢制作。其中，桁架式檩条又包括平面桁架[图 6.4(a)]与空间桁架檩条[图 6.4(c)]。

由于檩条在垂直屋面方向及顺屋面坡度方向发生弯曲，工程上一般采用拉条将檩条在顺坡向拉住，以控制檩条在顺坡向的挠曲变形及挠度，并减小檩条尺寸。

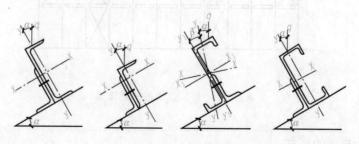

▲图 6.3 实腹式檩条常见形式

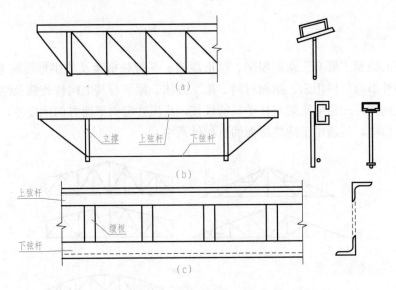

▲图6.4 桁架式檩条常见形式

(a)平面桁架檩条；(b)下撑式檩条；(c)空间式檩条

(四)柱间支撑

1. 柱间支撑的作用和布置

钢结构厂房属于三维结构，而作为基本组成单元的排架结构或框架结构属于二维受力结构，因此，纵向上钢结构厂房需要有坚强的连系构件，使二维钢框架形成三维受力整体。柱间支撑起着承担和传递水平力(吊车纵向刹车力、风荷载、地震作用等)、提高结构的整体刚度、保证结构的整体稳定、减小钢柱面外稳定应力、保证结构安装时的稳定等重要作用。如地震时，合理的支撑刚度能够避免震害的加重。

柱间支撑有上层柱间支撑和下层柱间支撑。吊车梁上部的为上部支撑；反之，为下部支撑。柱间支撑布置位置如图6.5所示。

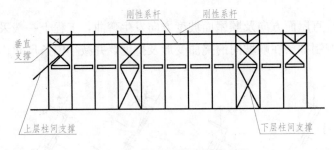

▲图6.5 柱间支撑的布置位置

2. 柱间支撑的形式

柱间支撑按其结构形式可分为十字式、人字式、门架式等，如图6.6所示。十字交叉式支撑具有构造简单、传力明确的优点，如果十字交叉支撑妨碍生产，可采用门架式支撑。

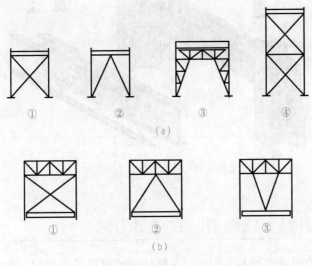

▲图 6.6 柱间支撑的形式

(a)下层柱间支撑的形式；

①单层十字式；②人字式；③门架式；④双层人字式

(b)上层柱间支撑的形式

①十字式；②人字式；③V式

(五)吊车梁系统

吊车梁系统，通常由吊车梁、制动结构、辅助桁架及支撑组成。图 6.7 所示为常见的吊车梁截面类型，图 6.8 所示为吊车梁及其制动结构。

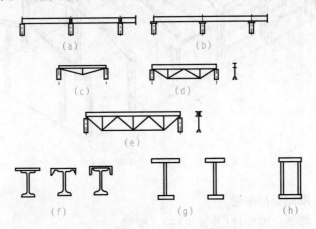

▲图 6.7 常见的吊车梁类型

(a)简支实腹吊车梁；(b)连续实腹吊车梁；(c)下撑式吊车梁；(d)桥架式吊车梁；

(e)桁架式吊车梁；(f)型钢吊车梁；(g)工字形焊接吊车梁；(h)箱形吊车梁

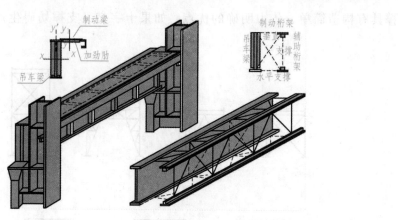

▲图 6.8 吊车梁及其制动结构

二、节点构造(以轻型门式刚架为例)

轻型门式刚架的组成如图 6.9 所示。各部件组成能形成工作的、稳定的整体,它们可分为以下四大部分。

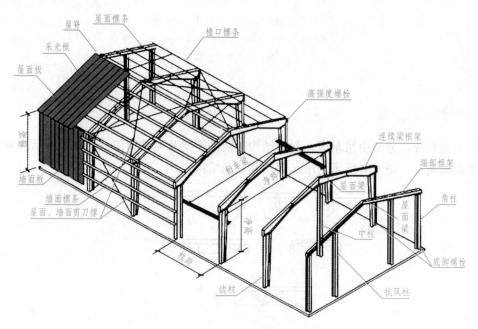

▲图 6.9 轻型门式刚架的组成

(1)主结构——刚架、吊车梁。

(2)次结构——檩条、墙架柱(及抗风柱)、墙梁。

(2)支撑结构——屋盖支撑、柱间支撑、系杆。

(4)围护结构——屋面(屋面板、采光板、通风器等)、墙面(墙板、门、窗)。

1. 梁、柱连接节点的构造

门式刚架梁与柱的工地连接，常用螺栓端板连接。它是在构件端部截面上焊接平板（端板与梁柱的焊接要求等强，多采用熔透焊）并以螺栓与另一构件的端板相连的一种节点形式。其连接形式可分为端板平放、端板竖放、端板斜放三种基本形式（图6.10）。每种形式又可分为端板外伸式连接和端板平齐式连接两种连接形式（图6.11）。

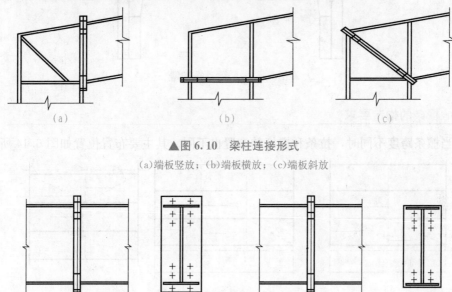

(a)　　　　　　　　　　(b)　　　　　　　　　　(c)

▲图6.10 梁柱连接形式

(a)端板竖放；(b)端板横放；(c)端板斜放

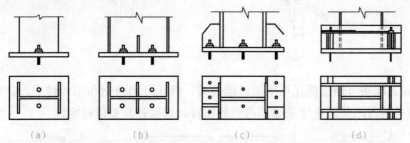

(a)　　　　　　　　　　　　　　(b)

▲图6.11 端板连接形式

(a)端板外伸式连接；(b)端板平齐式连接

2. 刚架柱脚节点的构造

门式刚架柱脚形式如图6.12所示。

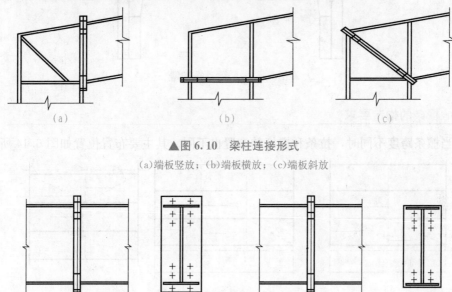

(a)　　　　　(b)　　　　　(c)　　　　　(d)

▲图6.12 门式刚架柱脚形式

(a)一对锚栓铰接柱脚；(b)两对锚栓铰接柱脚；(c)带加劲肋刚接柱脚；(d)带靴梁刚接柱脚

3. 支撑的构造要求

轻型门式刚架结构的标准支撑系统有斜交叉支撑、门架支撑（图6.13）和刚架柱支撑。

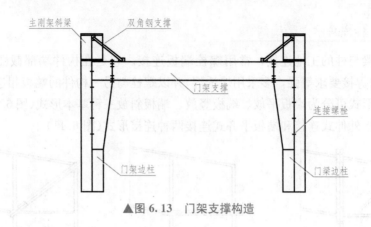

▲图 6.13 门架支撑构造

4. 檩条的构造要求

(1)当檩条跨度不同时,拉条和撑杆的布置也不同。其主要布置位置如图 6.14 所示。

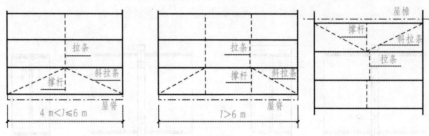

▲图 6.14 拉条和撑杆的布置

拉条、撑杆与檩条的连接如图 6.15 所示。

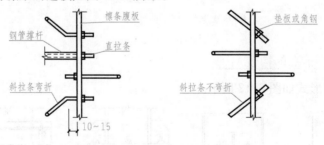

▲图 6.15 拉条、撑杆与檩条的连接

(2)实腹式檩条可通过檩托与刚架斜梁连接,檩托可用角钢和钢板做成,如图 6.16 所示。设置檩托的目的是阻止檩条端部截面的扭转,以增强其整体稳定性。

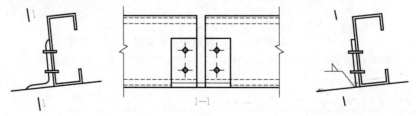

▲图 6.16 檩条与刚架的连接

🔧 任务实施

任务布置：通过参观实训，认识钢结构构件的构造组成。

任务准备：联系实训地点，制定实训期间的规则制度。

任务步骤：

1. 明确任务，查阅资料、收集信息。

2. 分好小组，组内分工。

3. 到钢结构应用场地(房屋钢结构、桥梁钢结构等)认知实训。

4. 做好每日实训笔记。

5. 实训介绍完成实训报告。

6. 做好实训成果汇报。

🔧 任务考核

▼　　钢结构构件构造要求认识　　实训报告

小组成员：＿＿＿＿＿＿＿　　小组编号：＿＿＿＿＿＿＿　　时间：＿＿＿＿＿＿＿

考核项目	优	良	中	差
考核标准	85分以上	80分以上	60分以上	60分以下
查阅收集信息				
组内分工合作				
参观实训纪律				
实训报告填写				
实训成果汇报				

🔧 复习思考

1. 钢结构有檩体系中檩条的作用是什么？

2. 轻型钢门架结构房屋的主要组成部分有哪些？

3. 刚架柱脚连接的方式有哪些？

任务3　钢结构连接

🔍 导　　读

钢结构构件是由型钢、钢板等通过螺栓或焊缝连接构成的，各构件再通过安装连接架构成整个结构。因此，连接在钢结构中处于重要地位。在进行连接设计时，必须遵循安全可靠、传力明确、构造简单、制造方便和节约钢材的原则。

任务引入

请观察、收集钢结构构件是如何连接的？有哪些连接方式？

相关知识

连接根据使用材质不同可分为铆接连接、螺栓连接、焊接连接和轻型钢结构用的紧固件连接等方式，如图 6.17 所示。

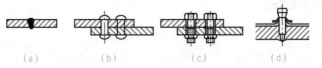

(a)　　　　(b)　　　　(c)　　　　(d)

▲图 6.17　连接的方式

(a)焊接连接；(b)铆接连接；(c)螺栓连接；(d)紧固件连接

一、铆接连接

铆接连接是通过在构件上打孔，然后用铆钉、铆板将构件连接，因其构造复杂，用钢量多，现在已极少采用，因此，铆接连接在此不作详细赘述。

二、螺栓连接

螺栓连接根据螺栓不同，可分为普通螺栓和高强度螺栓。普通螺栓可分为 C 级螺栓和 A、B 级螺栓；高强度螺栓可分为摩擦型螺栓和承压型螺栓。

(1)普通螺栓用于临时固定的安装连接及可拆卸静载结构的连接，其中，A、B 级螺栓目前很少采用，多被高强度螺栓所取代。因此，一般所说的普通螺栓均指 C 级螺栓。

(2)高强度摩擦型螺栓，目前广泛使用于工业民用建筑钢结构连接；是各种连接中最适用于承受动力荷载的连接方式；常用于现场拼接和安装连接的重要部位；凡不宜采用焊接连接的结构，均可用高强度螺栓代替。高强度摩擦型螺栓是钢结构设计中最常见的螺栓形式。

(3)高强度承压型螺栓连接紧密，承载能力较摩擦型螺栓高，其与摩擦型螺栓的区别是在螺栓达到最大承载力时，连接可产生少量的滑移，且施工的费用较高。因为其在承受荷载作用时的变形远大于摩擦型，所以高强度承压型螺栓主要用于非抗震构件的连接、非承受动荷载构件的连接及非反复作用构件连接，其余连接均为摩擦型螺栓。

三、焊接连接

一般构件的连接均采用焊接连接，其构造简单，便于施工，连接和密封性能好，不会削弱构件的截面，但采用焊接连接会对构件本身产生残余热应力，对结构产生不利影响，这也是在构件连接角部焊缝处都留有切角的原因。

1. 焊接的方式

焊接根据焊接方式不同呈现出不同的种类和特点，具体见表6.3。焊接连接一般可分为手工电弧焊、自动埋弧焊、半自动埋弧焊、气体保护焊、电渣焊、电阻焊和气焊等。对于焊接现场环境及焊接构件位置的不同，相应的各种焊接方式的选择也是不同的。在实际钢结构生产和施工中，最常见的焊接方式是手工电弧焊和埋弧焊。

▼表6.3　焊接方式和特点

焊接方式	手工电弧焊	埋弧焊	气体保护焊	电阻焊
优点	设备简单，操作灵活方便	工艺条件稳定，焊缝的化学成分均匀，故焊成的焊缝质量好，焊件变形小	焊缝强度比手工电弧焊高，塑性和抗腐蚀性好	不采用焊接材料
缺点	生产效率低，劳动强度大，焊接质量与焊工有很大的关系	埋弧焊对焊件边缘的装配精度（如间隙）要求比手工焊高	需对焊接熔池脱氧，要使用含有较多脱氧元素的焊丝，飞溅大	不能用于厚板焊接
应用	适用于任意空间位置的焊接，特别适用于焊接短焊缝	适用于厚板的焊接	适用于全位置的焊接，但不适用于在风较大的地方施焊	只适用于板叠厚度不大于12 mm的焊接

2. 焊缝的连接形式

焊缝的连接形式按被连接钢材的相互位置可分为对接、搭接、T形连接和角接接头四种（图6.18）。这些连接所采用的焊缝主要有对接焊缝和角焊缝。对接连接主要用于厚度相同或接近相同的两构件的相互连接。如图6.18（a）所示为对接连接，即两板件相对端面焊接而成。由于相互连接的两构件在同一平面内，因而传力均匀平缓，没有明显的应力集中且用料经济，但是焊件边缘需要加工，被连接两板的间隙和坡口尺寸有严格的要求。常见的对接接头的焊缝与荷载方向垂直，也有少数与荷载方向成斜角的焊缝对接接头，如图6.18（b）所示。

两块板重叠起来焊接形成的接头称为搭接接头，如图6.18（c）所示。这种接头的应力分布不均匀，疲劳强度较低，不是理想的接头形式。

T形连接是将相互垂直的被连接件用角焊缝连接起来，如图6.18（d）、（e）所示。该连接省工省料，常用于制作组合截面。

两板件端面构成 $30°\sim135°$ 夹角的接头称为角接接头，如图 6.18(f)所示，角接接头主要用于制作箱形截面。

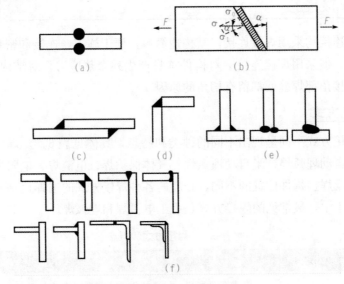

▲图 6.18　焊缝连接的形式

(a)对头连接；(b)斜焊缝对接接头；(c)搭接接头；(d)、(e)T 形接头；(f)角接接头

🔧 3. 焊缝的形式

(1)对接焊缝按所受力的方向分为正对接焊缝[图 6.19(a)]和斜对接焊缝[图 6.19(b)]。角焊缝[图 6.19(c)]可分为正面角焊缝、侧面角焊缝和斜焊缝。

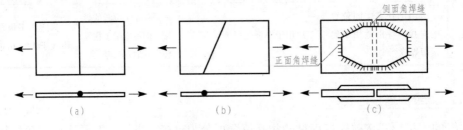

▲图 6.19　焊缝形式

(a)正对接焊缝；(b)斜对接焊缝；(c)角焊缝

(2)焊缝沿长度方向的布置可分为连续角焊缝和间断角焊缝两种(图 6.20)。连续角焊缝的受力性能较好，为主要的角焊缝形式。间断角焊缝的起、灭弧处容易引起应力集中，重要结构应避免采用，只能用于一些次要构件的连接或受力很小的连接中。间断角焊缝的间断距离 l 不宜过长，以免连接不紧密，潮气侵入引起构件锈蚀。一般在受压构件中应满足 $l\leqslant15t$；在受拉构件中 $l\leqslant30t$，t 为较薄焊件的厚度。

(3)焊缝按施焊位置可分为平焊、横焊、立焊及仰焊(图 6.21)。平焊(又称俯焊)施焊方便；立焊和横焊要求焊工的操作水平比较高；仰焊的操作条件最差，焊缝质量不易保证，因此，应尽量避免采用仰焊。

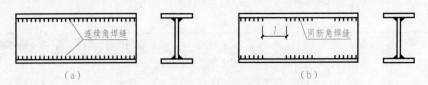

▲图6.20 连续角焊缝和间断角焊缝

(a)连续角焊缝；(b)间断角焊缝

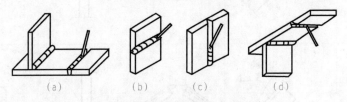

▲图6.21 焊缝施焊位置

(a)平焊；(b)横焊；(c)立焊；(d)仰焊

🔧 4. 焊缝符号及表示方法

在钢结构施工图中的焊缝，应符合《焊缝符号表示法》(GB/T 324—2008)和《建筑结构制图标准》(GB/T 50105—2010)的规定予以标注。

焊缝符号主要由图形符号、辅助符号和引出线等部分组成。图形符号表示焊缝截面的基本形式；引出线由横线、斜线及箭头组成，而横线由两条平行的实线与虚线组成，可在实线侧或虚线侧标注符号，斜线和箭头则将整个焊缝符号指向图形的有关焊缝处。

当焊缝分布不规则时，在标注焊缝符号的同时，宜在焊缝处加粗线(表示可见焊缝)或栅线(表示不可见焊缝)，工地安装焊缝加×号，如图6.22和表6.4所示。

```
———————        ┬┬┬┬┬┬┬┬┬        ×××××××××
   (a)            (b)              (c)
```

▲图6.22 焊缝标注方法

(a)可见焊缝；(b)不可见焊缝；(c)工地安装焊缝

▼表6.4 焊缝符号标注方法

	对接焊缝			角焊缝	
	I型坡口	V型坡口	T形连接	单面	双面
焊缝形式					
标注方法					

续表

	塞焊缝	三面围焊	安装焊缝	相同焊缝	围焊缝
焊缝形式					
标注方法					

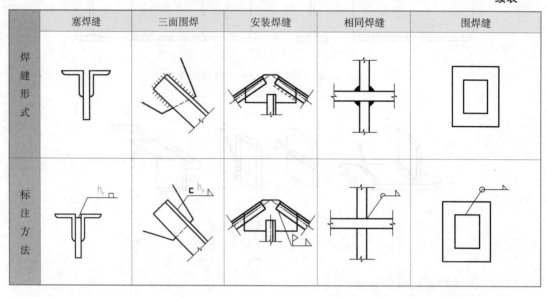

5. 焊缝缺陷及质量检验

（1）焊缝缺陷。焊缝缺陷是指焊接过程中产生于焊缝金属或附近热影响区钢材表面或内部的缺陷。常见的缺陷有裂纹、焊瘤、烧穿、弧坑、气孔、夹渣、咬边、未熔合、未焊透等（图6.23），以及焊缝尺寸不符合要求、焊缝成形不良等。裂纹是焊缝连接中最危险的缺陷。产生裂纹的原因很多，如钢材的化学成分不当；焊接工艺条件（如电流、电压、焊速、施焊次序等）选择不合适；焊件表面油污未清除干净等。

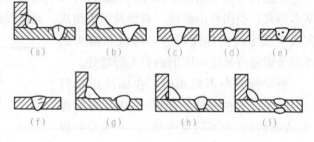

▲图6.23 焊缝缺陷

(a)裂纹；(b)焊瘤；(c)烧穿；(d)弧坑；(e)气孔；

(f)夹渣；(g)咬边；(h)未熔合；(i)未焊透

（2）焊缝质量检验。焊缝缺陷的存在将削弱焊缝的受力面积，在缺陷处引起应力集中，故对连接的强度、冲击韧性及冷弯性能等均有不利影响。因此，焊缝质量检验极为重要。

焊缝质量检验一般可用外观检查及内部无损检验。前者检查外观缺陷和几何尺寸；后者检查内部缺陷。内部无损检验目前广泛采用超声波检验。该方法使用灵活、经济，对内部缺陷反应灵敏，但不易识别缺陷性质；有时还用磁粉检验。该方法以荧光检验等较简单的方法作为辅助。另外，还可采用X射线或γ射线透照或拍片。

根据《钢结构工程施工质量验收规范》（GB 50205—2001）规定，焊缝按其检验方法和质量要求分为一级、二级和三级。三级焊缝只要求对全部焊缝做外观检查且符合三级质量标准；设计要求全焊透的一级、二级焊缝则除外观检查外，还要求用超声波探伤进行内部缺陷的检验，超声波探伤不能对缺陷做出判断时，应采用射线探伤检验，并应符合国家相应质量标准的要求。一级焊缝超声波和射线探伤的比例均为 100%，二级焊缝超声波探伤和射线探伤的比例均为 20% 且均不小于 200 mm。当焊缝长度小于 200 mm 时，应对整条焊缝探伤。探伤应符合《焊缝无损检测 超声检测 技术、检测等级和评定》(GB/T 11345—2013)或《金属熔化焊焊接接头射线照相》(GB/T 3323—2005)的规定。

(3)焊缝质量等级。根据《钢结构设计规范》(GB 50017—2003)规定，焊缝应根据结构的重要性、荷载特性、焊缝形式、工作环境以及应力状态等情况，按下述原则分别选用不同的质量等级：

1)在需要进行疲劳计算的构件中，凡对接焊缝均应焊透，其质量等级为：

①作用力垂直于焊缝长度方向的横向对接焊缝或 T 形对接与角接组合焊缝，受拉时应为一级，受压时应为二级。

②作用力平行于焊缝长度方向的纵向对接焊缝应为二级。

2)不需要计算疲劳的构件中，凡要求与母材等强的对接焊缝应予焊透，其质量等级当受拉时应不低于二级，受压时宜为二级。

3)重级工作制和起重量 $Q \geqslant 50$ t 的中级工作制吊车梁的腹板与上翼缘之间以及吊车桁架上弦杆与节点板之间的 T 形接头焊缝均要求焊透。焊缝形式一般为对接与角接的组合焊缝，其质量等级不应低于二级。

4)不要求焊透的 T 形接头采用的角焊缝或部分焊透的对接与角接组合焊缝，以及搭接连接采用的角焊缝，其质量等级为：

①对直接承受动力荷载且需要验算疲劳的结构和吊车起重量等于或大于 50 t 的中级工作制吊车梁，焊缝的外观质量标准应符合二级。

②对其他结构，焊缝的外观质量标准可为三级。

钢结构中一般采用三级焊缝，可满足通常的强度要求，但其中对接焊缝的抗拉强度有较大的变异性，其设计值仅为主体钢材的 85% 左右。因而，对有较大拉应力的对接焊缝，以及直接承受动力荷载的重要焊缝，可部分采用二级焊缝，对抗动力和疲劳性能有较高要求处可采用一级焊缝。焊缝质量等级须在施工图中标注，但三级焊缝不需标注。

🔧 任务实施

1. 任务准备

教师准备任务，明确目标，引导学生查阅信息、收集资料，整理信息；根据任务准备学习指导，便于学生自主学习。

2. 任务步骤

(1)学生根据任务要求，查阅信息、收集资料，并整理信息。

(2)教师在学生自主学习过程中引导答疑。

(3)学生能够识别教师给定的不同类别的钢结构连接形式，并说出各自的特点，填写学习指导。

(4)学生根据教师假定的条件，合理选择连接的方式。

(5)应用所学完成任务完成检测题。

(6)任务总结。

任务考核

1. <u>10</u> 该焊缝属于_____焊缝，焊缝高度_____。

2. 在空白处填写下列焊缝名称。

焊缝形式	焊缝基本符号	焊缝名称
	‖	
	∨	
	∨	
	◸	

3. 识读下图，回答下列问题。

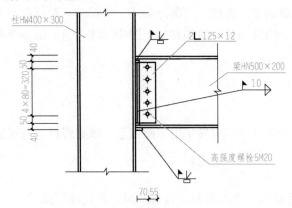

(1)该钢结构梁采用_____型钢；型钢高度_____ mm，宽度_____ mm。

(2)该钢结构柱采用_____型钢；型钢高度_____ mm，宽度_____ mm。

(3)该图中梁与柱的连接采用_____连接。

(4)该连接详图焊接采用_____。

（5）5M20 在本图中代表的意思是＿＿＿＿＿＿。

（6）该图中梁与柱的连接构件使用的是＿＿＿＿＿＿。

复习思考

1. 钢结构的连接方法有哪些？

2. 焊接连接有什么优缺点？

3. 焊缝有哪些截面形式？

4. 焊缝质量检验等级是如何划分的？

任务 4　轻型钢桁架施工图识读

导　读

门式刚架是工业建筑中的常见建筑形式，其建筑结构做法已经成熟完成了构件制作的工厂化，识读门式刚架施工图要熟知门式刚架的整体特点，理解构件的作用、常见节点构造及构件与基础的连接形式。

任务引入

课前请大家收集钢结构施工图的相关资料、规范和图纸等相关信息。

相关知识

一、钢结构设计图的基本内容

钢结构设计图的内容一般包括：图样目录；结构设计说明；柱脚锚栓布置图；平面图、立面图、剖面图；构件图；钢材及高强度螺栓估算表。

1. 设计总说明

（1）设计依据。设计依据包括工程设计合同书有关设计文件、岩土工程报告、设计基础资料，以及相关设计规范、规程等。

（2）设计荷载资料。

（3）设计简介。工程概况简述，设计假定、特点和设计要求，以及使用程序等。

（4）材料的选用。

(5)制作安装。

(6)需要做试验的特殊说明。

2. 柱脚锚栓布置图

首先要按一定比例绘制网平面布置图。在该图上标注出各个钢柱柱脚锚栓的位置,即相对于纵、横轴线的位置尺寸,并在基础剖面图上标出锚栓空间位置标高,标明锚栓规格数量级埋设深度。

3. 平面图、立面图、剖面图

当房屋钢结构比较高大或平面布置比较复杂而柱网又不太规则或立面高低错落时,为表达清楚整个结构体系的全貌,宜绘制平面图、立面图和剖面图,主要表达结构的外形轮廓、相关尺寸和标高,纵、横轴线编号及跨度尺寸和高度尺寸,剖面宜选择具有代表性的或需要特殊表达清楚的地方。

4. 结构布置图

结构布置图主要表达各个构件在平面中所处的位置并对各种构件选用的截面进行编号。

(1)屋盖平面布置图包括屋架布置图(或刚架布置图)、屋盖檩条布置图和屋盖支撑布置图。其中,屋盖檩条布置图主要表明檩条间距和编号,以及檩条之间直拉条、斜拉条的布置和编号;屋盖支撑布置图主要表示屋盖水平支撑、纵向刚性支撑、屋面梁隅撑等的布置和编号。

(2)柱子平面布置图主要表示钢柱或门式刚架和山墙柱的布置及编号,其纵剖面表示柱间支撑及墙梁的布置与编号;包括墙梁直拉条和斜拉条的布置与编号,以及柱隔撑的布置与编号;横剖面重点表示山墙柱间支撑、墙梁及拉条面的布置与编号。

(3)吊车梁平面布置表示吊车梁、车档及其支撑的布置与编号。

5. 节点详图

(1)节点详图在设计阶段应表示清楚各构件间的相互连接关系及其构造特点,节点上应标明整个结构物的相关位置,即应标出轴线编号、相关尺寸、主要控制标高、构件编号或截面规格、节点板厚度及加劲肋做法。构件与节点板采用焊接连接时,应标明焊脚尺寸及焊缝符号。构件采用螺栓连接时,应标明螺栓的型号、直径与数量。设计阶段的节点详图具体构造做法必须交代清楚。

(2)节点详图主要包括相同构件的拼接处,不同构件的连接处,不同结构材料连接处及需要特殊交代清楚的部位。

6. 构件图

平面桁架、立体桁架及截面较为复杂的组合构件等都需要绘制构件图,门式刚架由于采用变截面,故也应通过绘制构件图来表示构件外形、几何尺寸及构件中杆件(或板件)的截面尺寸,以方便绘制施工详图。

二、门式钢结构厂房简介

门式刚架结构的上部主构架包括斜梁、刚架柱、支撑、檩条、系杆、山墙骨架等。门式刚架结构具有受力简单、传力路径明确、构建制作快捷、便于工厂化加工、施工周期短等特点，因此，广泛应用于工业、商业及文化娱乐公共设施等工业与民用建筑中。

门式刚架厂房效果图如图 6.24 所示。

门式刚架结构的组成如图 6.25 所示，包括屋面檩条、屋脊、屋面系统、墙面系统、墙面围梁、柱间支撑、边墙等。门架与

▲图 6.24 门式刚架厂房效果图

基础的连接可以是刚接也可以是铰接，连接时一般采用锚栓将柱底板与混凝土基础连接。

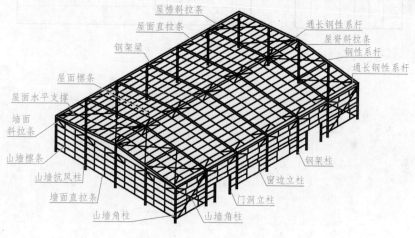

▲图 6.25 门式刚架结构的组成

三、单层厂房建筑施工图的识读

以一个典型的门式刚架建筑施工图和结构施工图的识读为例，结合典型结构施工现场图进行讲解。

（一）建筑设计总说明

建筑设计总说明主要是对项目的设计依据、项目概况、分项工程（如基础、墙体、屋面、装修、设备及施工中的注意事项）等进行交代与说明，有的门窗表也包含在建筑设计说明中，如图 6.26 所示。

建筑设计说明

1. 工程概况:

A. 本工程为1号仓库,建筑面积为1238.8 m²。
厂房结构形式为单层钢架结构。

B. 本工程设计依据:甲方设计委托书、甲方设计技术要求。

C. 本工程±0.000相当于地质勘探报告者标高 米,具体由现场确定。
建筑物安全等级为二级,设计使用年限厂房50年,抗震设防烈度为七度,抗震等级三级;
建筑类别为丙类,耐火等级为二级,(耐火极限:钢柱2.5 h,钢梁1.5 h,钢檩条不小于1 h),钢檩条各不小于1 h,刷超薄防火涂料。

2. 采用图集:
05系列江苏省工程建设标准设计图苏J01-2005《施工说明》;
江苏省建筑配件通用图集苏J08-2006《室外工程》;
全国通用工业厂房建筑配件标准图集02J611-1《平开钢大门》;
全国通用工业厂房建筑配件标准图集01J304《一般楼地面建筑构造》;
全国通用工业厂房建筑配件标准图集89J431《屋面檐沟修钢梯》。

3. 室内外无水地坪处均做水泥混凝土散水,做法详见苏J01-2005-4/12(B=600)。
4. 所有散水坡均做混凝土坡道,做法参见水泥混凝土坡道详苏J01-2005-9/11。
5. 屋面做法:参剖面图。
6. 室内地面纵横向缩缝面,参剖面图。
7. 地面做法:采用混凝土地面。做法选用苏J01-2005-10/2(室内设备地坪详)。
8. 混凝土砂粉面做法选用苏J01-2005-3/4(用于粉刷150高)。
   内粉刷:木泥砂粉面做法选用苏J01-2005-4/5(白色内墙涂料,用于墙体)。
   混合砂浆粉面做法选用苏J01-2005-21/6。
9. 外粉刷:木泥浆涂墙面。基层做法参见苏J01-2005-1/1。
10. 油漆:所有钢铁构及其配件均必须抛光除锈后,刷红丹防锈漆二度,外漆乳白色醇酸或酚醛调和漆二度。
11. 墙体:±0.000以下采用:MU10混凝土砖实砌,砂浆采用:M10.0水泥砂浆;
    ±0.000~1.000采用:MU7.5混凝土实心砖,砂浆采用:M7.5混合砂浆。
12. 墙体防潮层设于-0.060处见苏J01-2005-1/1。
13. 基础开挖后必须进行白蚁防治。
14. 本工程所有水、电,等专业的管线与土建应密切配合,应及时通知设计人员协调解决。
15. 图纸与说明互为补充,凡未说明处均按国家现发的有关规定、规范及时通知设计人员协调解决。
    设计人员协调解决。

图纸内容目录

序号	图纸内容	图号
1	设计说明 图纸目录 门窗表	建施 1/5
2	底层平面图	建施 2/5
3	建筑立面图	建施 3/5
4	屋顶平面图	建施 4/5
5	1-1剖面图 节点大样	建施 5/5

门窗表

类别	编号	洞口尺寸 宽/mm	高/mm	樘数	备注
门	M1	4000	4500	2	向外对开钢大门详02J611-2图集
窗	C1	9300	2000	2	铝合金窗 参见苏J11-2006
窗	C2	21000	2000	1	铝合金窗 参见苏J11-2006
窗	C3	3000	2000	2	铝合金窗 参见苏J11-2006
窗	C4	57600	2000	1	铝合金窗 参见苏J11-2006
窗	C5	57600	16500	1	铝合金窗 参见苏J11-2006

备注:
a. 门窗数量、材质及尺寸及开启方式出详图,经甲方反复设计者认可后方可生产复核。
b. 门窗由生产厂家出详图,经甲方反复设计者认可后方可生产复核,以最后实际为准,订货前应复核。
c. 门窗均应按江苏省标准图集的要求制作和安装,其选材和安装应符合《建筑玻璃应用技术规程》(JGJ 113-2015)及国家建委第2116(2003)文件。
d. 玻璃商地小于0.5 m²及单块玻璃面积大于1.5 m²时应用安全玻璃。
e. 附图门窗尽量置与原设计相符格,部分窗尺寸随情况大小改变作相应变动。

▲图6.26 建筑设计总说明

(二)图样目录

图样目录主要是对本套工程图样的图幅、编号、内容、张数的说明，使查阅者看了图样目录后能按照自己的需要查阅相关图样，同时，也可使查阅者对整套图样有个明确的了解，如图 6.26 所示。从图中可知，图样目录包括设计总说明、装修说明、一层平面图、屋顶平面图、立面图及刚架样图等。

(三)底层平面图

从图 6.27 和图 6.28 中可以看出以下内容：

(1)建筑平面尺寸为 60 480 mm×20 480 mm，室内地面标高为±0.000，地面荷载为 3.5 kN/m²。

(2)在①轴线处开有一个门洞 M-1，有两窗 C-3。

(3)结合门窗表可知，窗和门的类型共有 6 个，具体尺寸样式见门窗表(图 6.26)。

(4)为表示建筑在侧面和端部的建筑效果及细节，在一层平面图中进行了一个剖面划分，剖面 1-1，相应的剖面图如图 6.30 所示。

(四)屋顶平面图

刚架屋面主要是外部的压型钢板、屋脊及屋脊处的压条处理。

图 6.29 所示为屋顶平面图，从图中可以得到以下信息：

(1)横向排水坡度为 1∶15，纵向排水坡度为 1%，每侧设有 11 个排水管。

(2)结合立面图和屋顶节点详图可知，屋脊处标高为 7.200 m，采用角驰Ⅲ820 屋面板。

(3)结合①~⑪轴线及⑪~①轴线立面图，图中表示出了建筑在南、北立面的建筑造型及门窗的位置和尺寸；结合 1-1 剖面图(图 6.30)可以看到建筑在南、北立面的建筑造型，女儿墙顶标高等。

四、单层厂房结构施工图的识读

(一)图样目录

全套结构施工图包括结构设计总说明、基础平面图和基础大样图、柱及锚栓布置图、门式刚架及山墙柱布置图、支撑布置图、屋面檩条布置图、墙梁布置图、刚架详图等。

(二)结构施工总说明

结构施工总说明主要包括工程概况、设计依据、设计荷载资料、材料选用、制作安装等内容，如图 6.31 所示。

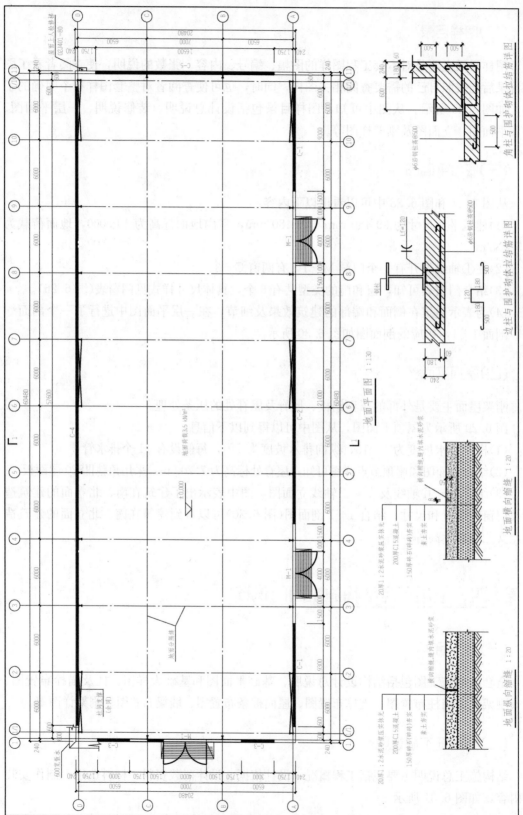

▲图6.27 底层平面图

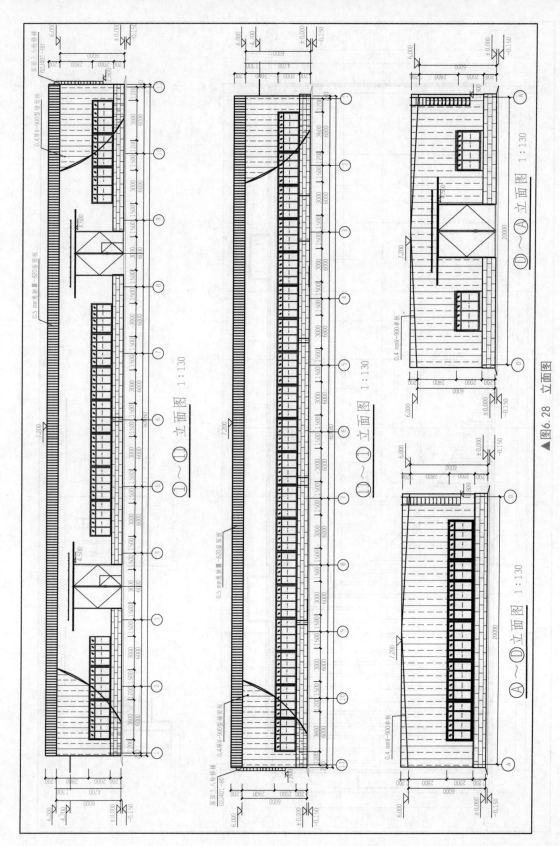

▲图6.28　立面图

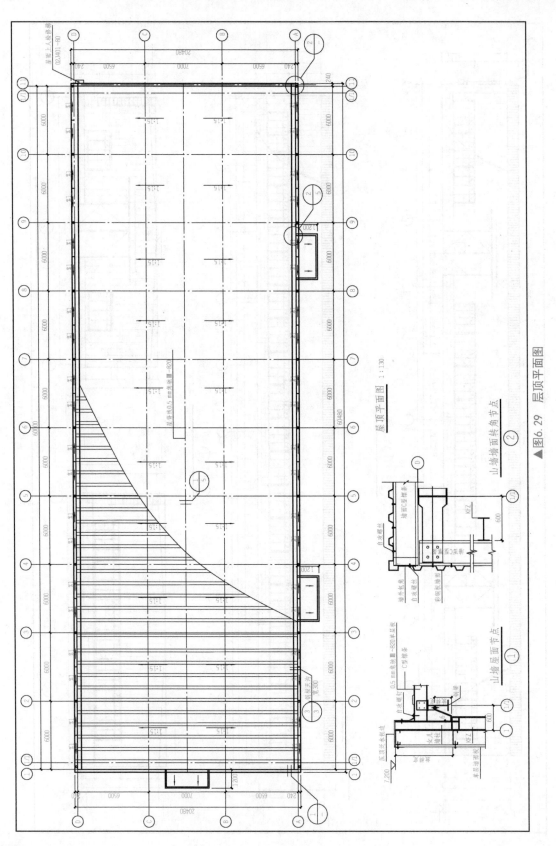

屋顶平面图 1:130

② 山墙墙面转角节点

① 山墙屋面节点

▲图6.29 屋顶平面图

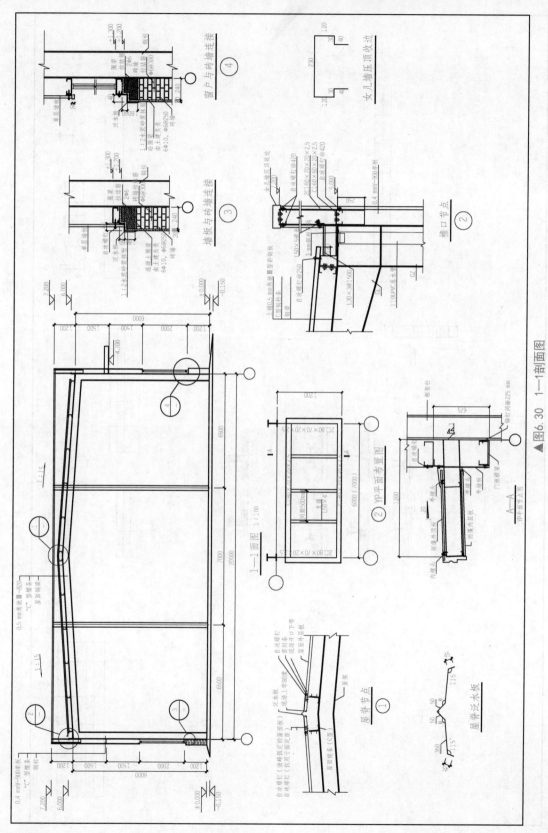

▲图6.30 1—1剖面图

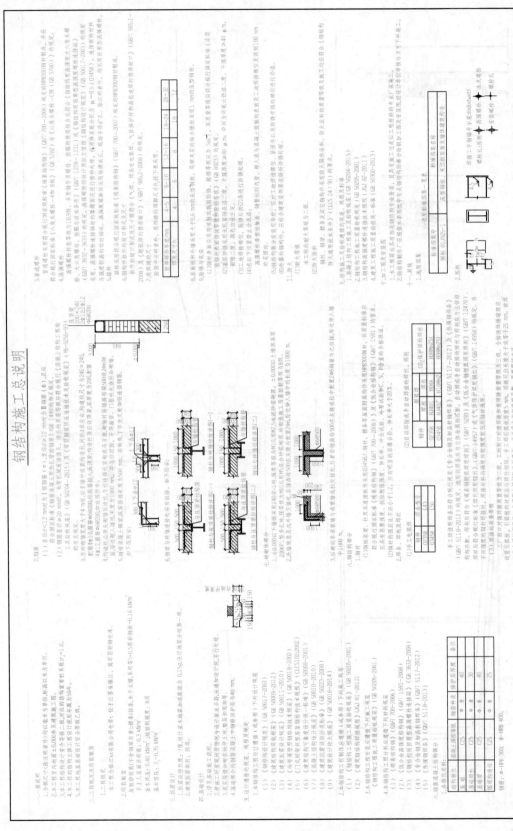

▲图6.31 钢结构施工总说明

(三)基础平面布置图和基础详图

基础平面图主要通过平面的形式反映基础的平面位置和平面尺寸，从图 6.32 中可以得到如下的信息：

(1)该基础都是柱下独立基础，除①、⑪轴线上桩基础有不同定位外，其余部分是轴线缝中设置。

(2)该建筑物的基础有四种类型，分别是 JC—1、JC—2、JC—3、JC—4，基础间地圈梁尺寸为 250 mm×400 mm。

(3)基础详图通常采用水平局部剖面图和竖向剖面图来表达。结合图 6.33 所示基础大样图可知，各基础的埋置深度、截面尺寸、构造做法、具体配筋情况等。

(四)柱脚锚栓布置图

通过对锚栓平面布置图的识读，通过图纸的标注可以准确地对柱脚锚栓进行水平定位；通过对锚栓详图的识读可以掌握锚栓的竖向尺寸。

图 6.34 所示为锚栓布置图，图中的主要内容为：

(1)由锚栓平面布置图可知，只有一种柱脚锚栓形式。

(2)结合基础布置图可知只有 JC—2 是两个锚栓，其他基础都是 4 个锚栓。

(3)从锚栓详图可知，锚栓的直径为 24 mm，从二次浇灌层底面以下 750 mm，柱脚底板的标高为±0.000，锚栓间距沿横向定位轴线为 146 mm，沿纵向定位轴线为 186 mm。

(五)门式刚架及山墙柱布置图、支撑系统

图 6.35 所示为门式刚架及山墙布置图、屋盖支撑布置图、柱间支撑布置图，图示主要内容有以下几项：

(1)本图例中刚架只有一种 GJ—1，山墙抗风柱位于山墙与⑧、©轴线的相交处。整个平面上共计 11 榀 GJ—1。

(2)屋盖横向水平支撑(SC)布置三道，分别位于①～②、⑥～⑦、⑬～⑭轴线所在开间；在屋盖相应的开间中布置柱间支撑(ZC)；横向水平支撑采用(XG)，具体构件尺寸见本图中构件表。

(3)在本图中还可见水平支撑与钢梁连接详图、柱间支撑连接大样、边柱柱顶与系杆连接大样等详图。

(六)屋面檩条布置图和墙梁布置图

屋面结构是支撑屋面材料的重要结构，屋面材料的重量及屋顶面荷载通过檩条传递给屋顶。图 6.36 所示为典型的门式刚架屋面结构组成，图中显示该结构已经将刚架、檩条、檩条拉杆等安装到位。

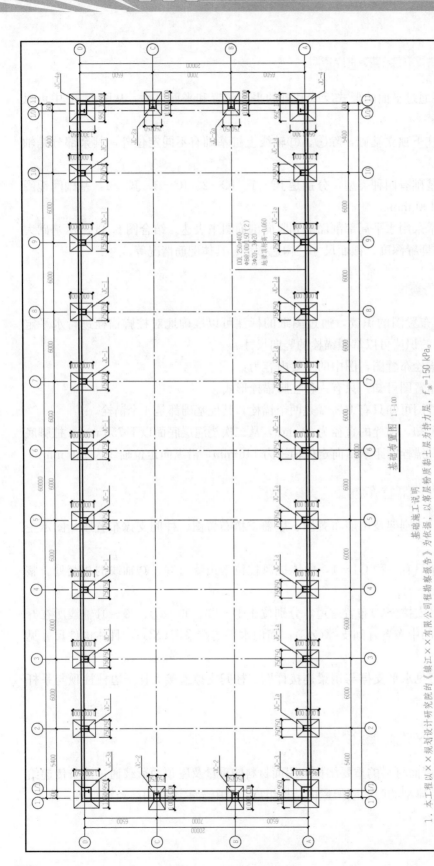

基础布置图 1:100

基础施工说明

1. 本工程以××规划设计研究院的《镇江××有限公司程勘察报告》为依据，以第II层粉质黏土层为持力层，$f_{ak}=150$ kPa。
2. 材料：
   基础混凝土C25，柱和地圈梁混凝土C25，混凝土垫层C10；
   钢筋：Φ-HPB300（$f_y=210$ N/mm），Φ-HRB 335（$f_y=300$ N/mm）。
3. 本工程±0.000由施工现场确定。
4. 除特别注明外，基础底标高均为−1.500 m。局部超深部分采用1：1砂石分层回填夯实，基础部分钢筋保护层厚度40 mm，柱钢筋保护层厚度30 mm。
5. ±0.000以下墙体采用240实心砖，用M7.5水泥砂浆砌筑，强度等级为MU10，且基础开挖前必须采取排水措施。±0.000以上墙体采用200KP1型多孔砖，强度等级为MU10，用M5混合砂浆砌筑。
6. 若施工时发现地质情况与设计要求不符，应通知设计院，另行处理。
7. 基础放线及施工时请钢结构生产厂家现场配合放槽。

▲图6.32 基础平面布置图

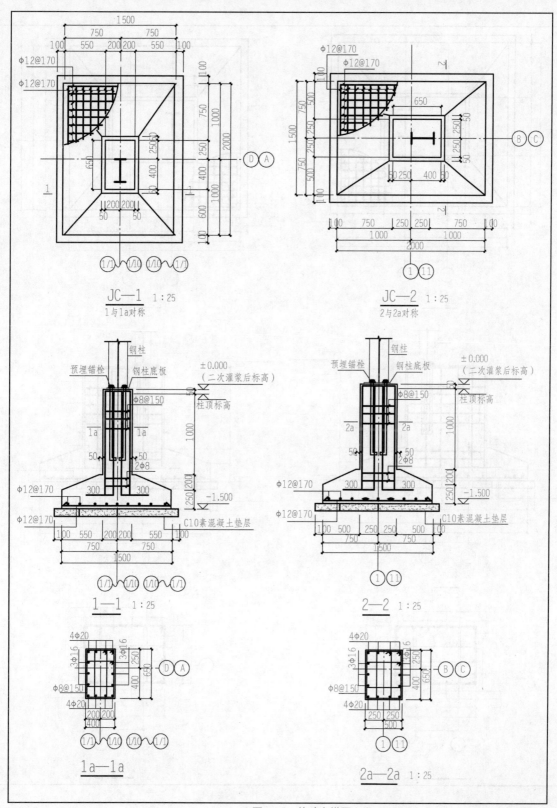

▲图6.33 基础大样图(一)

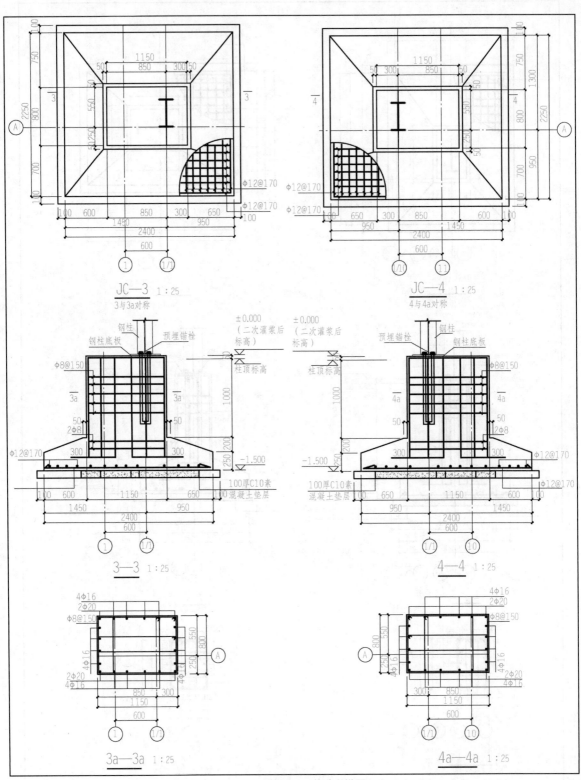

▲图6.33 基础大样图(二)

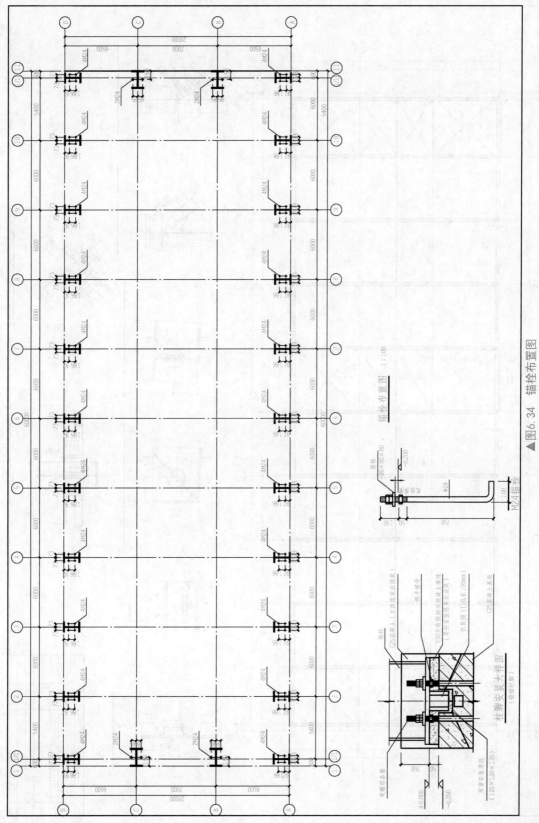

▲图6.34　锚栓布置图

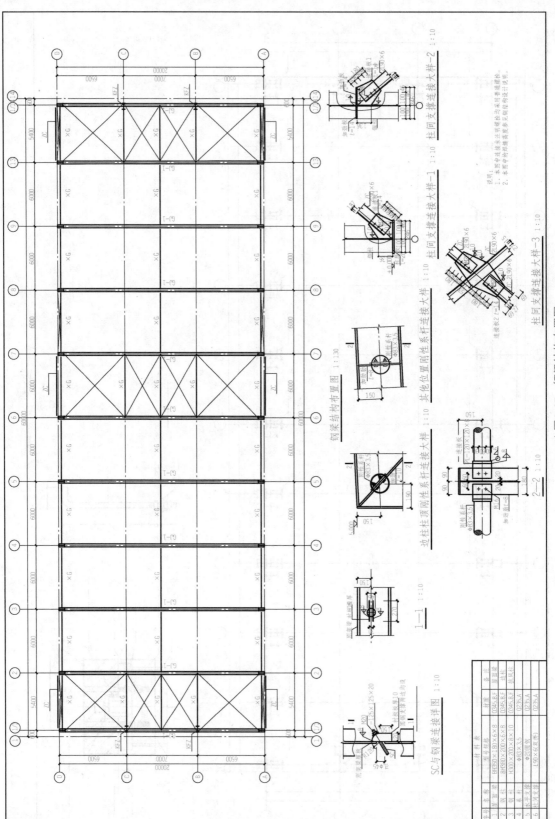

▲图6.35 钢梁结构布置图

▲图6.36　典型的门式刚架屋面结构组成

图6.37所示为典型的轻钢屋面板，该屋面板是由两层彩钢夹保温层构成的"夹心饼"屋面板。

在施工图中必须将相应的杆件、材料布置等绘制清楚。

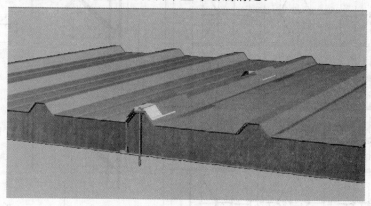

▲图6.37　典型的轻钢屋面板

(1)屋面檩条布置图中，檩条之间采用拉条连接，拉条可分为直拉条(ZLT)和斜拉条(XLT)，拉条均采用直径为12 mm的圆钢。

(2)由图6.38和图6.39可知，屋脊双槽钢、拉条与撑杆的连接节点大样图；撑杆、拉条和檩条的连接节点大样图；檩条与钢梁连接节点大样及剖面图1—1。

(3)墙梁的布置与屋面檩条布置类似，有斜拉条(XLT)、直拉条(ZLT)和撑杆(CG)的连接。图6.40为门式刚架厂房墙面施工图。图6.41为该工程的外墙墙檩及拉条，可以作为理解本例的参考。

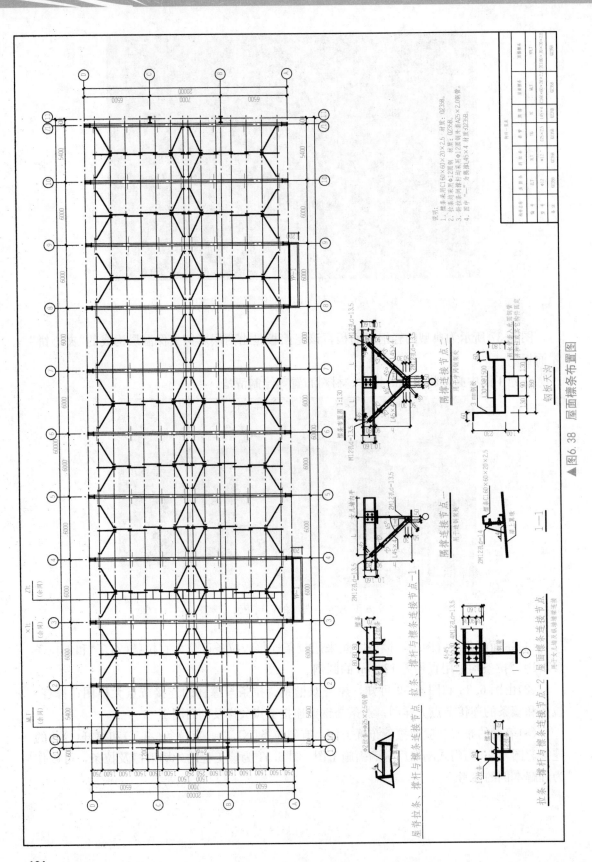

▲图6.38 屋面檩条布置图

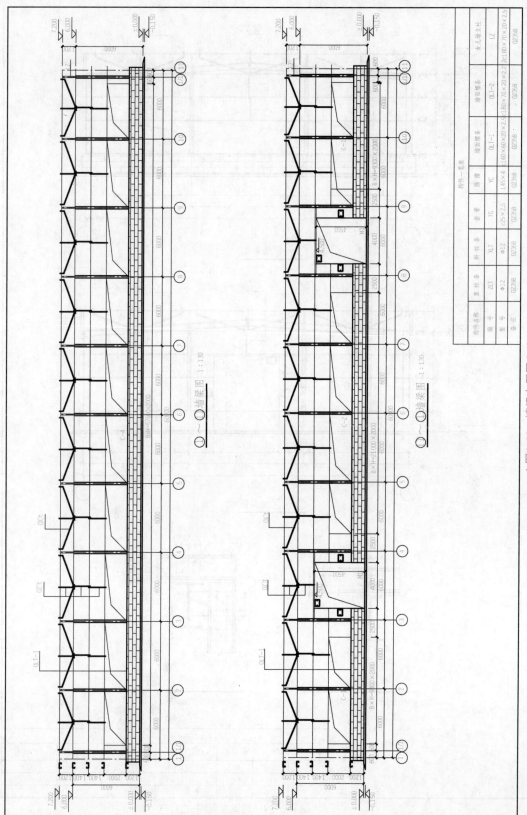

▲图6.39 墙梁布置图(一)

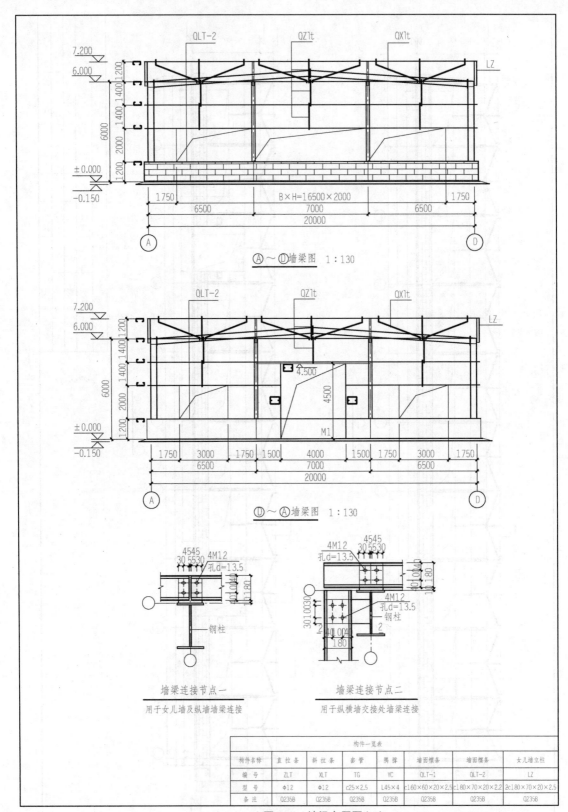

▲图6.39 墙梁布置图(二)

构件一览表						
构件名称	直拉条	斜拉条	套管	隅撑	墙面檩条	墙面檩条	女儿墙立柱
编 号	ZLT	XLT	TG	YC	QLT-1	QLT-2	LZ
型 号	Φ12	Φ12	c25×2.5	L45×4	c160×60×20×2.5	c180×70×20×2.2	2c180×70×20×2.5
备 注	Q235B	Q235B	Q235B	Q235B	Q235B	Q235B	Q235B

▲图 6.40　门式刚架厂房墙面施工图

▲图 6.41　外墙墙檩及拉条

(七)刚架详图

门式刚架图可利用对称性绘制，主要标注其变截面柱和变截面斜梁的外形和几何尺寸，定位轴线和标高，以及柱截面与定位轴线的相关尺寸等。

由图 6.42 门式刚架可知：

(1)该建筑只有一种门式刚架 GJ—1，结构对称，由钢柱(BH380×200×6×8)和钢梁(BH350×200×6×8)组成。

(2)该门式刚架跨度为 20 m，柱顶标高为 6.000 m。

(3)单层单跨的门式刚架结构主要节点详图包括：梁柱节点详图、梁梁节点详图、屋脊节点详图以及柱脚详图等。在图中主要以 1—1、2—2、3—3、4—4 等剖面图和详图索引来表示的。

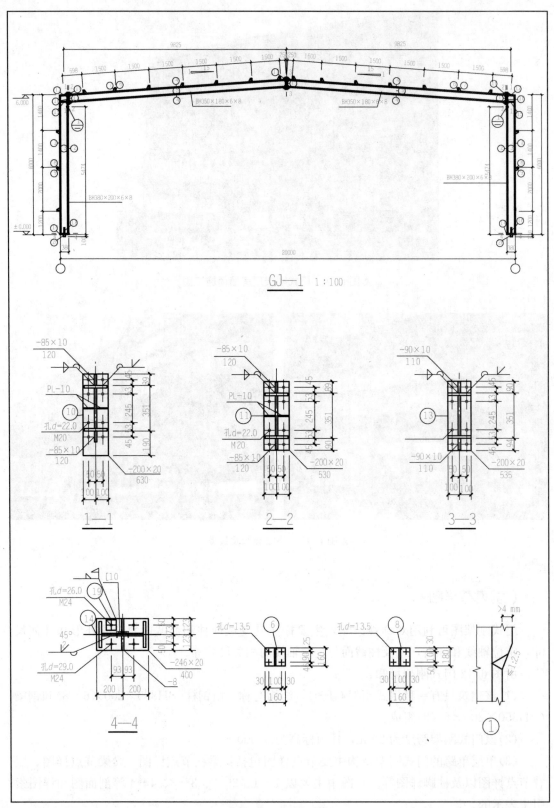

▲图6.42 GJ—1刚架(一)

材 料 表

构件编号	零件编号	规 格	长度/mm	数量 正反	重量/kg 单重	重量/kg 共重	重量/kg 总重	注
GJ-1	1	-200×8	5960	2	74.9	149.7		
	2	-200×8	5454	2	68.5	137.0		
	3	-364×6	5984	2	102.4	204.8		
	4	-180×8	9605	4	108.6	434.3		
	5	-334×6	9628	2	151.1	302.2		
	6	-140×6	160	14	1.1	14.8		
	7	-90×6	140	14	0.6	8.3		
	8	-140×6	160	6	1.1	8.4		
	9	-90×6	140	6	0.6	4.7		
	10	-200×20	630	2	19.8	39.6		
	11	-200×20	530	2	16.6	33.3		
	12	-200×8	373	2	4.7	9.4		
	13	-200×8	535	2	15.1	30.2		
	14	-246×20	400	2	16.2	32.4		
	15	-97×8	364	4	2.2	8.9		
	16	-85×10	120	6	0.8	4.8		
	17	-90×10	110	4	0.8	3.1		
	18	-120×8	250	4	1.9	7.5		
	19	-80×20	80	8	1.0	8.0		
	20	[10	100	2	1.0	2.0		

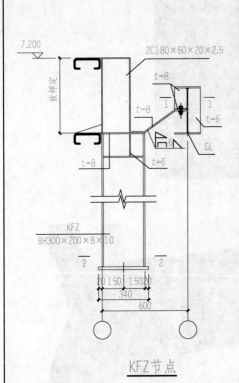

KFZ节点

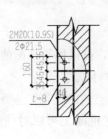

1—1

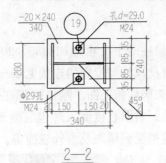

2—2

说明：
1. 本设计按《钢结构设计规范》(GB 50017-2003)和《门式刚架轻型房屋钢结构技术规程》(CECS102:2002)进行设计；
2. 材料：钢板及型钢为Q345钢，焊条为E50××系列焊条；
3. 构件的拼接连接采用10.9级摩擦型连接高强度螺栓，连接接触面的处理采用钢丝刷清除浮锈；
4. 柱脚基础混凝土强度等级为C35，锚栓钢号为Q235钢；
5. 图中未注明的角焊缝最小焊脚尺寸为6 mm，一律满焊；
6. 对接焊缝的焊缝质量不低于二级；
7. 钢结构的制作和安装需按照《钢结构工程施工质量验收规范》(GB 50205)的有关规定进行施工；
8. 钢构件表面除锈后用两道红丹打底，构件的防火等级按建筑要求处理。

▲图6.42 GJ—1刚架（二）

(4)图6.43为典型门架斜梁连接图，该连接采用端板连接方式；图6.44为典型门架梁柱连接图。

▲图 6.43   典型门架斜梁连接图

▲图 6.44   典型门架梁柱连接图

(5)山墙设抗风柱两个尺寸为 BH380×200×8×10，抗风柱与基础的连接见2—2剖面大样详图，屋脊处抗风柱与屋脊的连接见1—1剖面大样详图。

图6.45为门架脚柱施工图。刚接柱脚在外包混凝土前的情形，左图中有锚栓、加劲板等已经安装到位；右图直接倒入外包混凝土后，外包混凝土可以对柱脚起到保护作用，防止柱脚、锚栓等遭受到锈蚀及意外碰撞等。

▲图 6.45   门架脚柱施工图

任务实施

1. 任务布置

工程实例识读。根据给出的工程实例识读钢结构施工图，并完成识图报告。

2. 资料准备

钢结构施工图(教师准备或参考本书配套资源包)及相关规范和制图标准。

3. 任务实施步骤

(1)资讯。根据任务完成知识和能力储备。

(2)计划与决策。

小组讨论列出：参考资料、任务实施方法、任务实施步骤计划、确定本小组具体任务。

工作要求：分成几个小组作业，指明组长，并由组长和组员协商分配成员任务。

(3)实施。按小组制订的计划实施完成任务，并完成实训报告。

(4)检查与评价。提请小组成员汇报小组任务完成结果；其他小组成员根据别组同学汇报情况修正自己的结论、提出质疑；完善实训报告。

任务考核

▼　　识读钢结构施工图　实训报告

实训人员：_____　实训日期：_____　指导老师：_____

小组编号：_____　小组成员：_____

实训项目名称：	
实训目的：	
实训前资讯收集： 完成任务前应具备哪些专业知识与能力？	
组内分工情况及任务实施计划： 实施过程中碰到的问题是如何解决的？	
实训体会：	

复习思考

　　总结钢结构施工图的主要内容及表示方法，识读典型钢结构施工图（参见本书配套资源包）。

参 考 文 献

[1] 国家标准.GB 50153—2008 工程结构可靠性设计统一标准[S]. 北京：中国计划出版社，2009.

[2] 国家标准.GB 50007—2011 建筑地基基础设计规范[S]. 北京：中国计划出版社，2012.

[3] 国家标准.GB 50202—2002 建筑地基基础工程施工质量验收规范[S]. 北京：中国计划出版社，2002.

[4] 国家标准.GB 50352—2005 民用建筑设计通则[S]. 北京：中国建筑工业出版社，2005.

[5] 国家标准.JGJ 94—2008 建筑桩基技术规范[S]. 北京：中国建筑工业出版社，2008.

[6] 国家标准.JGJ 79—2012 建筑地基处理技术规范[S]. 北京：中国建筑工业出版社，2013.

[7] 国家标准.JGJ 120—2012 建筑基坑支护技术规程[S]. 北京：中国建筑工业出版社，2012.

[8] 周晖．建筑结构基础与识图［M］.北京：机械工业出版社，2010.

[9] 徐锡权．建筑结构基础与识图［M］.北京：机械工业出版社，2014.

[10] 国家标准.GB 50017—2003 钢结构设计规范[S]. 北京：中国计划出版社，2003.

[11] 国家标准.GB/T 324—2008 焊缝符号表示法[S]. 北京：中国标准出版社，2008.

[12] 国家标准.GB/T 50105—2010 建筑结构制图标准[S]. 北京：中国建筑工业出版社，2010.

[13] 罗福午．建筑结构概念体系与估算[M].北京：清华大学出版社，1991.

[14] 陆继赞，李砚波．混合结构房屋[M].天津：天津大学出版社，1998.

[15] 徐有邻，刘刚．混凝土结构设计规范理解与应用[M].北京：中国建筑工业出版社.2013.

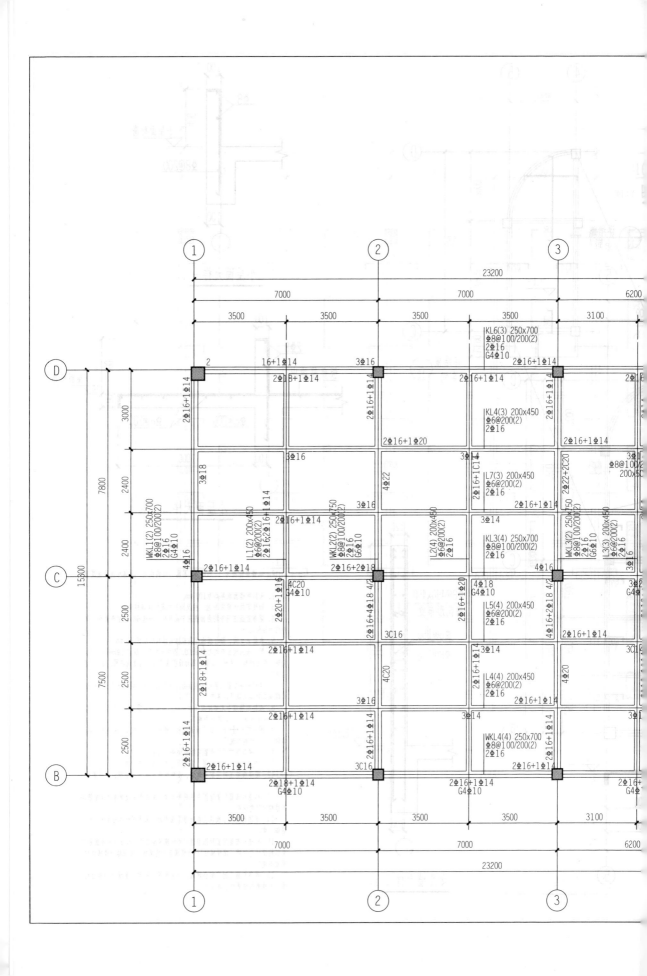

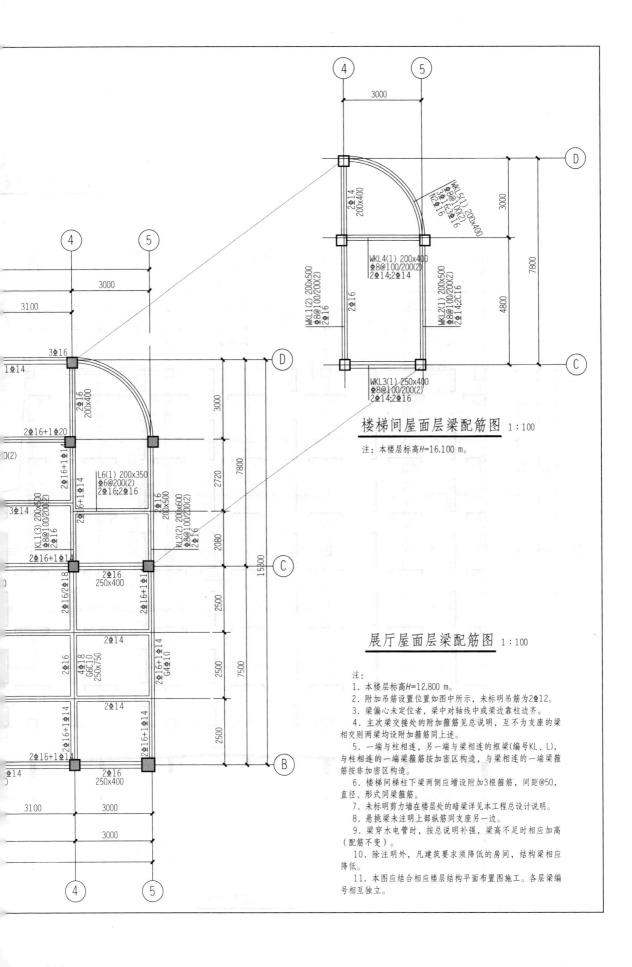

楼梯间屋面层梁配筋图 1:100

注：本楼层标高H=16.100 m。

展厅屋面层梁配筋图 1:100

注:
1. 本楼层标高H=12.800 m。
2. 附加吊筋设置位置如图中所示，未标明吊筋为2Φ12。
3. 梁偏心未定位者，梁中对轴线中或梁边靠柱边齐。
4. 主次梁交接处的附加箍筋见总说明，互不为支座的梁相交则两梁均设附加箍筋同上述。
5. 一端与柱相连，另一端与梁相连的框梁(编号KL、L)，与柱相连的一端梁箍筋按加密区构造，与梁相连的一端梁箍筋按非加密区构造。
6. 楼梯间梯柱下梁两侧应增设附加3根箍筋，间距@50，直径、形式同梁箍筋。
7. 未标明剪力墙在楼层处的暗梁详见本工程总设计说明。
8. 悬挑梁未注明上部纵筋同支座另一边。
9. 梁穿水电管时，按总说明补强，梁高不足时相应加高（配筋不变）。
10. 除注明外，凡建筑要求须降低的房间，结构梁相应降低。
11. 本图应结合相应楼层结构平面布置图施工。各层梁编号相互独立。